Im Bestimmungsteil sind die Alpenblumen nach ihrer Blütenfarbe in vier Farbgruppen eingeteilt.

➤ **Blaue Blütenfarbe**
Seite 74–99

Hier finden Sie alle Alpenblumen mit Blüten in blauen Farbtönen: von Zartblau über Tiefblau bis hin zu Blauviolett.

➤ **Gelbe Blütenfarbe**
Seite 100–1[illegible]

Hier finden Sie alle Alpenblumen mit Blüten in gelben Farbtönen: von Blassgelb über grünliches Gelb bis Orangefarben.

Symbolerklärung Wuchsform

 Gehölz

 Polsterstaude

 Staude

 Zwiebel- oder Knollengewächs

Die Welt der Alpenblumen

Die Alpen, dieses größte und höchste Gebirge Europas, beherbergen eine enorme Vielfalt an Pflanzen. Für die Gewächse stellen die Berge ein Gefüge kleiner und kleinster Lebensräume dar, die von der

› Schweizer Mannsschild *(Androsace helvetica)*

Höhe über dem Meeresspiegel, dem Gesteinsuntergrund und der Lage zur Sonneneinstrahlung bestimmt werden.

Die Gliederung der Alpen

Geologen unterscheiden die West- von den Ostalpen, da sie aus unterschiedlichen Gesteinsmassen bestehen und zu jeweils anderen Zeiten in der Erdgeschichte entstanden. Die Grenze zwischen diesen beiden Zonen verläuft etwa vom Bodensee über den Hinterrhein bis zum Comer See. Darüber hinaus zeichnen sich die Alpen durch eine ausgeprägte Nord-Süd-Zonierung aus, die besonders deutlich in den Ostalpen zu erkennen ist. Im Norden und Süden dehnen sich Kalkketten aus, die aus Ablagerungen von Urmeeren hervorgegangen sind. Hier herrschen steile, schroffe Wände und weite Schutthalden vor. Die Zentralalpen bestehen dagegen vorwiegend aus Silikatgestein, das in flüssiger Form aus der Erdkruste aufstieg und erstarrte.

Natur und Kulturland

Während in den unzugänglichen Höhenlagen der Alpen noch immer vom Menschen unbeeinflusste natürliche Lebensräume zu finden sind, herrscht auf den beweideten und gemähten Almen eine andere Situation. Hier haben die Almbauern seit vielen Jahrhunderten die Vegetation verändert. Auf diesen Wiesen, die durch die Ausscheidungen des Viehs gedüngt werden, konnte sich eine bunte Vielfalt von Alpenblumen etablieren.

Alpen-blumen

bestimmen leicht gemacht

So bestimmen Sie mit dem Kennfarben-Code:

➤ **Rote Blütenfarbe**
Seite 12 – 49

Hier finden Sie alle Alpenblumen mit Blüten in rötlichen Farbtönen: von Zartrosa über Rot und rötliches Violett bis Rotbraun.

➤ **Weiße Blütenfarbe**
Seite 50 – 73

Hier finden Sie alle Alpenblumen mit Blüten in weißen Farbtönen: von Schneeweiß über Cremeweiß bis zu grünlichem Weiß.

➤ **Zweifarbige Blüten**

In seltenen Fällen kommen zweifarbige Blüten vor, z. B. weiß-gelbe bei der Zwergbuchs-Kreuzblume, blauviolett-gelbe beim Alpenleinkraut oder gelb-rotbraune beim Frauenschuh. Maßgeblich für die Zuordnung zu einer Farbgruppe ist dann stets die auf den ersten Blick dominierende Farbe.

Die Form der Blüten

Enzian

Alpenaster

Blattränder

glatt gezackt

eingebuchtet

Blattstellungen

Rosette

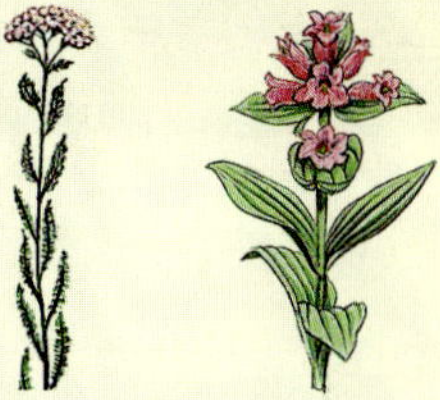

wechselständig gegen-ständig

Blattformen

rundlich bis oval

gefiedert

länglich bis schmal

Die Höhenstufen der Alpen

Mit zunehmender Höhe verkürzt sich die Dauer der warmen Jahreszeit, dafür verstärkt sich die Intensität der Sonnenstrahlung. Die Temperatur sinkt pro 100 m um etwa 0,5 °C, die Regen- und

› Almwiesen zeigen einen großen Blumenreichtum.

Schneemenge steigt deutlich an. In den Hochlagen treten öfter starke Winde auf, was im Sommer die Austrocknung der Pflanzen erhöht, im Winter die Kälte noch verschärft. Obwohl die Höhenstufen je nach Untergrund und Hangform verschieden ausgeprägt sind, kann man doch Zonen mit charakteristischen Pflanzengesellschaften erkennen.

Die Bergwälder

Vom Tal bis in die Höhe nimmt der Anteil der Nadelbäume wie Fichten, Lärchen und Kiefern immer mehr zu. Oberhalb des geschlossenen Waldes, der Waldgrenze, stehen nur mehr einzelne Bäume, bis auch sie schließlich verschwinden. Diese Obergrenze wird als Baumgrenze bezeichnet. In derselben Region und höher kommen an kühlen, feuchten, lawinengefährdeten Standorten auch Hochstaudenfluren vor, in denen z. B. Gelber Enzian oder Blauer Eisenhut wächst.

Jenseits der Baumgrenze

Oberhalb der Baumgrenze treten zwar noch Gehölze, etwa die Alpenrosen oder die Alpenheide, auf, sie bleiben aber sehr klein. In dieser Region der Zwergstrauchheiden kommen auch zahlreiche Stauden vor, so z. B. einige Ehrenpreis-Arten.

Vielfalt auf kleinem Raum

Steigt man noch höher hinauf, fehlen auch die Zwergsträucher. In der Region der Schutthalden und alpinen Rasen wachsen nur noch krautige Pflanzen. Je nach Hang-

Etliche Arten siedeln sich auf losem Felsschutt an.

In der Zwergstrauchregion wachsen viele Stauden.

neigung, Ausrichtung zur Sonne oder Gesteinsuntergrund durchdringen sich vielfältige und manchmal recht kleinräumige Lebensgemeinschaften. Auf den alpinen Rasen mit ihren flachen, ruhenden Böden ist die Zahl der vorkommenden Arten deutlich höher als im Felsschutt.

Der nackte Fels

In Spalten und Ritzen der nackten Felsen können nur noch polsterförmige Pflanzen wie die Mannsschild-Arten oder verschiedene Steinbrech-Arten gedeihen, die sich mit tief reichenden Wurzeln im Fels verkrallen. Sie wachsen äußerst langsam und werden sehr alt. In den höchsten Lagen vermögen lediglich noch Flechten, Moose, Algen und Pilze zu wachsen.

Oberhalb der Baumgrenze bleiben die Pflanzen klein.

VARIABLE BLÜTEZEITEN

Als Bestimmungshilfe ist in diesem Naturführer die Blütezeit der Pflanzenarten angegeben. Doch kann sie nur als Näherungswert gelten, da einzelne Exemplare durchaus auch früher oder später zur Blüte kommen können – abhängig von ihren jeweiligen Standortbedingungen.

› Die Bewimperte Alpenrose wächst nur in Kalkgebieten.

Kalk und Silikat

Für Geologen stellen sich die Alpen als ein kompliziertes Puzzle aus Teilen unterschiedlichen Alters und Gesteins dar. Für den Naturliebhaber kommt es nur darauf an, die beiden Hauptgesteinstypen – Kalk und Silikat – zu erkennen, um Rückschlüsse auf die darauf wachsenden Pflanzen ziehen zu können.

Kalk und Dolomit

Kalk und Dolomit sind helle Gesteine, die zu scharfen Zacken und Graten verwittern. Am Fuße von Kalkwänden liegen mächtige Schutthalden aus Gesteinsbrocken, die vor allem durch Frost aus den Wänden abgesprengt wurden. Chemisch betrachtet, besteht Kalkstein aus Kalziumkarbonat, der ähnliche Dolomit enthält zusätzlich Magnesium. Pflanzen, die auf Kalk wachsen, wie der Schweizer Mannsschild, müssen mit einem hohen Kalziumgehalt des Bodens zurechtkommen.

Silikat

Andere Pflanzen sind auf saure oder zumindest kalkarme Böden angewiesen. So gedeihen beispielsweise die Spinnweben-Hauswurz oder der Filzige Alpendost nur auf Silikatgestein. Silikatberge sind meist rundlicher geformt als Kalkberge. Weil Silikatgestein zu feinsten Bestandteilen verwittert, fehlen in den Zentral-

NATURSCHUTZ IST WICHTIG

Viele selten gewordene Alpenblumen sind heute gesetzlich geschützt. Diese Arten dürfen nicht gepflückt oder gar ausgegraben werden. Vor allem in der klimatisch harten Matten- und Felsregion, wo die Pflanzen nur sehr langsam wachsen, ist darauf zu achten, die Vegetation nicht zu zerstören.

alpen die typischen groben Schutthalden der Kalkalpen. Doch kann es durchaus vorkommen, dass Böden über Silikatgesteinen auch einen gewissen Anteil an Kalk enthalten.

Verwandt und doch anders

Nur wenige Pflanzen, wie das Alpenleinkraut, wachsen sowohl auf Kalk wie auf Silikat. Die meisten anderen sind entweder an die eine oder andere Gesteinsart angepasst. Darunter gibt es auch nahe verwandte Arten, von denen die eine nur auf Kalk, die andere nur auf Silikat vorkommt. So wächst die Bewimperte Alpenrose ausschließlich auf Kalk, während die Rostblättrige Alpenrose Silikatböden braucht.

› Auf Kalkschutt gedeiht z. B. das Alpenleinkraut.

› Der Gletscherhahnenfuß bevorzugt silikatreiche Böden.

› Der Waldgeißbart wächst auf kalkarmen Böden.

Alpen-blumen bestimmen

Steinschmückel

Petrocallis pyrenaica

MERKMALE: Die locker polsterförmig wachsende, 2–8 cm hohe Staude hat blattlose Stängel, die an ihren Enden die Blüten tragen. Alle Blätter stehen in Rosetten am Stängelgrund. Sie sind bis 8 mm lang, etwa keilförmig und an der Spitze in 3–5 Lappen geteilt. Die Blüten können rosa, lila oder hellviolett sein.

BLÜTEZEIT: Juni bis Juli.

VORKOMMEN: Selten in den nördlichen und sehr selten in den südlichen Kalkalpen, Pyrenäen, Karpaten; Felsspalten und -schutt, Pionierrasen; stets auf kalkhaltigen Böden; von 1500 bis über 3000 m Höhe; geschützt!

BESONDERES: Der verdickte, kriechende Wurzelstock, der an den Enden die Blätter ausbildet, dringt oft in Felsritzen ein. Dadurch trägt die Pflanze zur Erweiterung von Gesteinsfugen bei.

TYPISCH

Die angenehm duftenden Blüten bestehen aus jeweils 4 ovalen Kelch- und Kronblättern und werden bis zu 1 cm breit.

Rundblättriges Heller- oder Täschelkraut

Thlaspi rotundifolium, Thlaspi cepaeifolium

MERKMALE: Die 5–15 cm hohe Staude bildet nur zur Blütezeit aufrechte Stängel, nicht blühende Triebe kriechen flach durch das Geröll. Die rundlichen, fleischigen Grundblätter stehen in einer dichten Rosette, die Blätter des blütentragenden Stängels sind wechselständig. Zahlreiche rosa bis violette, duftende Blüten sind zu einer dichten, köpfchenförmigen Traube vereint.

BLÜTEZEIT: Je nach Standort von Juni bis September.

VORKOMMEN: Häufig in den nördlichen und südlichen Kalkalpen, seltener in den Zentralalpen; Felsschutt und Geröll; auf feuchtem, kalkhaltigem Untergrund; zwischen 1500 und 3000 m Höhe.

BESONDERES: Die langen, kriechenden Stängel des Rundblättrigen Hellerkrauts besiedeln sogar noch in Bewegung befindliche Geröllhalden.

TYPISCH

Die 4 schmalen Kelchblätter der Blüten sind häufig violett überlaufen, die Kronblätter haben eine gleichmäßig ovale Form.

Klebrige Schlüsselblume | Klebrige Primel

Primula glutinosa

Merkmale: Die nur 2–10 cm hohe Staude breitet sich oft rasenförmig aus. Ihre bis 6 cm langen Blätter, die alle in einer grundständigen Rosette stehen, fühlen sich klebrig an. Der Blattrand ist, vor allem an der Spitze, fein gezackt. Zur Blütezeit treibt ein bis zu 10 cm hoher, blattloser Stängel aus, an dessen Ende mehrere Blüten in einer dichten Dolde stehen. Die lilarosa gefärbten Kronblätter sind an ihrer Basis zu einer Röhre verwachsen, öffnen sich nach außen hin aber weit mit 5 breiten, an der Spitze herzförmig eingeschnittenen Zipfeln.

Blütezeit: Juli bis August.

Vorkommen: Selten in den östlichen Zentralalpen; Schutthalden, lockere alpine Rasen; auf feuchtem, kalkarmem Untergrund; zwischen 1800 und 3000 m Höhe; geschützt!

Typisch

Die vor allem an der Spitze fein gezackten, klebrigen Blätter sind ein unverkennbares Merkmal der Klebrigen Schlüsselblume.

Mehlprimel

Primula farinosa

MERKMALE: Die Mehlprimel ist eine 5–30 cm hohe Staude, deren länglich ovale Blätter alle in einer grundständigen Rosette stehen. Der Blattrand ist glatt oder fein gezackt, die Blattunterseiten wirken mehlig weiß bestäubt. Die Blüten stehen am Ende eines kräftigen Stängels in einer Dolde beisammen. Die rosafarbenen Kronblätter sind zu einer kurzen Röhre verwachsen und breiten sich dann mit 5 an der Spitze herzförmig eingeschnittenen Zipfeln aus. Die Öffnung der engen Kronröhre wird durch einen gelben Ring markiert.

BLÜTEZEIT: Mai bis Juli.

VORKOMMEN: Gesamtes Alpengebiet sowie Alpenvorland; Quellen, Flachmoore, feuchte Matten, aber auch Felsschutt; auf feuchten, steinigen Kalkböden; bis in 2500 m Höhe; geschützt!

TYPISCH

Nicht nur die Unterseite der Blätter, sondern auch der obere Teil des Stängels wirkt wie mit Mehl bestäubt und gab der Pflanze ihren Namen.

Ganzblättrige Schlüsselblume

Schweizer Primel | *Primula integrifolia*

MERKMALE: Die Staude erreicht nur 1–5 cm Höhe. Ihre bis zu 3 cm langen, fleischigen Blätter bilden eine grundständige Rosette. Sie sind lediglich am Rand mit kurzen, weißen Haaren besetzt. Meist stehen nur 2 Blüten auf einem 1–5 cm langen Schaft. Der röhrenförmige Kelch endet in zahnartigen Zipfeln. Die rotvioletten Kronblätter sind ebenfalls zu einer kurzen Röhre verwachsen, ihre Enden breiten sich 1,5–2 cm breit aus.

TYPISCH

Die Ganzblättrige Schlüsselblume hat glattrandige Blätter. Ihre Kronblätter sind tief rotviolett und nur wenig eingeschnitten.

BLÜTEZEIT: Mai bis Juli.

VORKOMMEN: Zentralalpen, selten Süd- und Nordalpen; Schneetälchen, feuchte Rasen; auf kalkarmen, sauren Böden; bis in rund 3000 m Höhe; geschützt!

BESONDERES: Die Ganzblättrige Schlüsselblume ist auf feuchte Standorte angewiesen, die lange von Schnee bedeckt sein können.

Alpenmannsschild

Androsace alpina

TYPISCH

Dank seiner Wuchsform und den kurz gestielten, auffälligen Blüten ist der Alpenmannsschild mit keiner anderen Art zu verwechseln.

MERKMALE: Die nur 1–5 cm hohe Staude wächst zu festen, kompakten Polstern heran. Alle Blätter stehen in dichten Rosetten und können einen Standort rasenartig bedecken. Sie werden 3–6 mm lang und sind auf der Unterseite behaart. Die Blüten erscheinen auf kurzen Stielen einzeln in den Achseln der oberen Blätter. Aus einem verwachsenen Kelch ragt die rosa bis hellviolette, etwa 5 mm breite Krone heraus. Sie ist an der Öffnung zur Kronröhre gelblich gefärbt. Gelegentlich treten auch weiß blühende Exemplare auf.

BLÜTEZEIT: Juli bis August.

VORKOMMEN: Häufiger in den Zentralalpen, seltener in den Nord- und Südalpen; Felsschutt, mit Erde durchmischtes Geröll, oft in bodenfeuchten Schneetälchen; auf kalkarmen Böden; in 2200 – 3000 m, vereinzelt bis in 4000 m Höhe; geschützt!

> Zur Fruchtzeit rollt sich der Blütenstiel spiralig um die Frucht, eine kugelige Kapsel, ein.

Wildes Alpenveilchen

Cyclamen purpurascens

MERKMALE: Das Wilde Alpenveilchen ist eine 5–15 cm hohe Staude. Seine immergrünen Blätter, die aus einer kugeligen Knolle emporwachsen, sind grundständig und gestielt. Ihre Spreite hat eine rundliche Form, der Stielansatz ist herzförmig eingeschnitten. Die grüne Blattoberseite trägt helle Zeichnungen, die Blattunterseite ist rötlich gefärbt. An den langen, blattlosen Blütenstielen steht jeweils eine einzelne rosarote Blüte, deren Öffnung nach unten geneigt und deren Kronblätter nach oben geschlagen sind.

BLÜTEZEIT: Juni bis September.

VORKOMMEN: Nördliche und südliche Kalkalpen, am Standort meist in größerer Zahl; Bergwälder; auf kalkhaltigen, humusreichen Böden; bis in ungefähr 2000 m Höhe; geschützt!

TYPISCH

Die oberseits gefleckten, rundlichen Blätter und die nach oben umgeschlagenen Blütenblätter machen das Wilde Alpenveilchen unverwechselbar.

Bergbaldrian

Valeriana montana

MERKMALE: Die 20–60 cm hohe Staude hat aufrechte, hohle Stängel, die nur unterhalb der Blattansätze dicht behaart sind. Die ovalen, 2–6 cm langen Grundblätter verschmälern sich in den langen Stiel. Der Blattrand kann glatt oder gezackt sein und trägt kurze Haare. Die gegenständigen Stängelblätter sind kürzer gestielt und ebenfalls glatt oder gezackt. Die zahlreichen rosa, selten auch fast weiß gefärbten Blüten stehen in einem halbkugeligen, doldenartigen Blütenstand am Ende des Stängels. Als Früchte werden winzige Nüsschen gebildet, die von den Kelchblättern gekrönt werden.

BLÜTEZEIT: April bis August.

VORKOMMEN: Verbreitet im Alpenvorland und den Kalkalpen; Felsschutt, Wälder; stets auf kalk- und humusreichen Böden; zwischen 500 und etwa 2000 m Höhe.

TYPISCH

Die nur 3–5 mm breiten Einzelblüten des Bergbaldrians setzen sich aus 5 bis zur Hälfte verwachsenen Kronblättern zusammen.

› Die blassrosa Blüten des Silberstorchschnabels *(Geranium argenteum)* sind dunkel geädert, die Blätter graugrün getönt.

Felsenstorchschnabel

Balkan-Storchschnabel | *Geranium macrorrhizum*

MERKMALE: Die aufrechten Stängel der 30–40 cm hohen Staude wachsen aus einem dicken Wurzelstock empor. Die 10 cm breiten, grundständigen Blätter haben einen rundlichen Umriss, sind aber tief in 5–7 Lappen mit gezacktem Rand eingebuchtet. Die Blüten bilden einen lockeren Blütenstand am Stängelende. Ihre Kelchblätter laufen in eine dünne, nadelartige Spitze aus. Die rosa bis dunkelroten Kronblätter breiten sich zu einer 4 cm breiten Krone aus, aus der die Staubblätter weit herausragen.

BLÜTEZEIT: Juni bis August.

VORKOMMEN: Seealpen sowie südliche Kalkalpen, östlich des Gardasees; Felsschutt, alpine Rasen und Gebüsche; auf kalkhaltigen Böden; zwischen 200 und 1500 m Höhe.

TYPISCH

Beim Felsenstorchschnabel ragen die Staubblätter weit aus der Blüte heraus. Wie bei allen Storchschnabel-Arten trägt die Frucht eine schnabelförmige Verlängerung.

> Das ähnliche Heideröschen *(Daphne cneorum)* hat etwas rundlicher geformte Kelchblätter. Es kommt auch in tieferen Lagen vor.

Steinröschen

Daphne striata

MERKMALE: Der immergrüne, buschig wachsende Zwergstrauch wird nur 10–40 cm hoch. Seine dünnen Zweige tragen bis 2,5 cm lange, schmal ovale Blätter, die mit einer kleinen Spitze enden. Sie stehen an den Zweigenden rosettenartig gedrängt. Die hellroten bis rosafarbenen, vierzipfeligen Blüten bilden dichte Büschel an den Zweigenden. Als Früchte reifen eiförmige, orangefarbene Steinfrüchte heran.

BLÜTEZEIT: Mai bis August.

VORKOMMEN: Nördliche Kalkalpen der Schweiz und Deutschlands, im Süden bis zu den Karawanken und den Steiner Alpen, sehr selten; Felsschutt, Zwergstrauchheiden; auf kalkhaltigen Böden; in 1500–2500 m Höhe; geschützt!

BESONDERES: Alle Teile des Steinröschens sind stark giftig!

TYPISCH

Die dicht stehenden Blätter und die langen, vierzipfeligen, angenehm duftenden Blüten sind typische Erkennungsmerkmale des Steinröschens.

› In der Zone der Zwergsträucher kann die Schneeheide weite Flächen überziehen.

Schneeheide | Winterheide

Erica carnea, Erica herbacea

MERKMALE: Der 10–25 cm hohe, immergrüne Zwergstrauch hat niederliegende, stark verzweigte Stängel. Die nadelförmigen Blätter stehen jeweils zu viert in Quirlen dicht an den Trieben. Zahlreiche, alle zu einer Seite gerichtete rosa Blüten erscheinen in Trauben an den Enden der Triebe. Jede Einzelblüte besteht aus 4 Kelchblättern und der zu einer bauchigen Röhre verwachsenen Krone, aus der die dunklen Staubblätter herausragen.

BLÜTEZEIT: März bis Juni.

VORKOMMEN: Östliche Kalkalpen, Zentral- und Südalpen; lichte Wälder und Legföhrenbestände, Rasen, Gebüsche sowie Felsschutt; auf kalkhaltigen, humusreichen Böden; von den Voralpen bis in etwa 2500 m Höhe.

BESONDERES: Man findet die Schneeheide oft auch als Zierpflanze in Gärten.

TYPISCH

Die frühe Blütezeit und die aus den Blütenglocken herausragenden dunklen Staubblätter kennzeichnen die Schneeheide.

Alpenheide | Alpenazalee | Gamsheide

Loiseleuria procumbens

MERKMALE: Der immergrüne, nur 1–3 cm hohe Zwergstrauch bedeckt mit seinen niederliegenden Stängeln den Boden teppichartig. Seine dicht gedrängten, gegenständigen Blätter sind bis zu 7 mm lang, ledrig und oberseits entlang des Mittelnervs eingetieft. Der glatte Blattrand ist leicht nach unten umgerollt. Die kurz gestielten Blüten erscheinen zu 2–5 an den Enden der Triebe. Sie bestehen aus je 5 rötlichen Kelchblättern und spitz zulaufenden, rosafarbenen Kronblättern, die nur an der Basis miteinander verwachsen sind.

BLÜTEZEIT: Juni bis Juli.

VORKOMMEN: In den Zentralalpen häufig, in den Kalkalpen seltener; Felsen, Grate, Zwergstrauchheiden; auf steinigen, kalkfreien Böden; zwischen 2000 und 2400 m Höhe; geschützt!

TYPISCH

Dank ihrer ledrigen, immergrünen Blätter und den charakteristischen Blüten ist die Alpenheide mit keiner anderen Art zu verwechseln.

Rostblättrige Alpenrose

Rhododendron ferrugineum

MERKMALE: Der immergrüne, 70–150 cm hohe Strauch hat aufrechte, stark verzweigte Triebe. Seine ovalen, ledrigen Blätter stehen an den Zweigenden dicht gehäuft. Sie sind kurz gestielt und auf der Blattunterseite deutlich rostbraun gefärbt. Ihr glatter Rand ist leicht nach unten umgebogen. Die zahlreichen leuchtend roten Blüten erscheinen in doldenartigen Blütenständen an den Triebenden. Der Kelch ist trichterartig verwachsen, die Krone öffnet sich weit mit 5 gerundeten Zipfeln.

BLÜTEZEIT: Juni bis August.

VORKOMMEN: Häufig in den Zentralalpen, seltener hingegen im Alpenvorland; Felsschutt, lichte Wälder, Zwergstrauchheiden; auf sauren, humus- und silikatreichen Lehmböden; etwa zwischen 1700 und 2000 m Höhe; geschützt!

TYPISCH

Die rostroten Unterseiten der immergrünen Blätter kennzeichnen die Rostblättrige Alpenrose, die nie auf kalkigem Untergrund vorkommt.

> Namengebend für die Bewimperte Alpenrose sind ihre behaarten Blattränder.

Bewimperte Alpenrose | Almrausch

Rhododendron hirsutum

MERKMALE: Der immergrüne, 70–150 cm hohe Strauch mit stark verzweigten, aufgebogenen Trieben hat ovale, ledrige, bis 3 cm lange Blätter. Sie stehen gehäuft an den Enden der Zweige und tragen am Rand lange, borstige Haare. Der fein gezackte Blattrand ist nicht nach unten umgebogen. Die Blüten erscheinen in doldenartigen Blütenständen an den Enden der Triebe. Aus dem Kelch ragen 5 hellrote, zu einem Trichter verwachsene Kronblätter, die sich mit 5 Zipfeln öffnen.

BLÜTEZEIT: Juni bis August.

VORKOMMEN: In den mittleren und östlichen Kalkalpen, selten auch in den Zentralalpen; lichte Wälder, Strauchgesellschaften an der Baumgrenze; auf kalkhaltigen und steinigen Böden; in 1500–2500 m Höhe; geschützt!

TYPISCH

Ein charakteristisches Merkmal der Bewimperten Alpenrose, die ausschließlich auf Kalk wächst, sind die immergrünen, bewimperten Blätter.

Zwergalpenrose

Rhodothamnus chamaecistus

MERKMALE: Die immergrüne Zwergalpenrose ist ein 10–40 cm hoher Strauch mit dicht verzweigten, aufgebogenen Trieben und wechselständigen, ovalen, ledrigen Blättern, die 1,5 cm lang werden. An den Triebspitzen erscheinen 1–3 Blüten mit langen, behaarten Stielen. Die 5 schmalen Kelchblätter sind nur an der Basis miteinander verwachsen. Aus der 2–3 cm breiten Krone mit 5 rundlichen, hellrosa Kronblättern ragen 10 Staubblätter weit heraus.

BLÜTEZEIT: Mai bis Juli.

VORKOMMEN: Zerstreut in den östlichen Kalkalpen sowie auf basischen Gesteinen in den Zentralalpen, in den Westalpen fehlend; Felsspalten und Felsschutt, Legföhrengebüsche; auf kalkhaltigen, steinigen und feuchten Böden; zwischen 1500 und 2200 m Höhe; geschützt!

TYPISCH

Die Blätter der Zwergalpenrose haben einen behaarten Rand wie die der Bewimperten Alpenrose, sind aber nur etwa halb so groß wie diese.

> Die ähnliche Zimtrose *(Rosa majalis)* zeichnet sich durch zimtbraune Jungtriebe und durch rundlichere Hagebutten aus.

Alpenheckenrose

Rosa pendulina

MERKMALE: Die verzweigten Triebe des 50–150 cm hohen Strauchs sind spärlich mit unterschiedlich langen, nadelartig spitzen Stacheln besetzt. Bei den jüngsten Trieben können die Stacheln auch fehlen. Die wechselständigen, gefiederten Blätter haben 3–4 Paar ovaler, am Rand gezackter Fiederblättchen und eine Endfieder. Die etwa 4 cm breiten Blüten stehen einzeln an den Triebenden. Die 5 weit ausgebreiteten, hellroten Kronblätter sind vorn rundlich eingebuchtet. Als Frucht wird eine flaschenförmige, orangefarbene Hagebutte gebildet, die mit stacheligen Borsten versehen ist.

BLÜTEZEIT: Mai bis August.

VORKOMMEN: Im gesamten Alpenraum; lichte Wälder, Gebüsche, Hochstaudenfluren; auf kalkarmen Lehmböden; zwischen 500 und 2500 m Höhe; geschützt!

TYPISCH

Kennzeichnend für die Alpenheckenrose sind ihre unterschiedlich langen Stacheln und die flaschenförmigen Hagebutten.

> Die Blüten der Alpengrasnelke stehen in dichten kugeligen Blütenständen.

Alpengrasnelke

Armeria maritima ssp. *alpina*

MERKMALE: Die 15–40 cm hohe Staude bildet nur zur Blütezeit unbeblätterte, aufrechte Stängel aus. Ihre zahlreichen Grundblätter sind grasartig schmal, fleischig und 5–8 cm lang. Die Blüten stehen in einem köpfchenförmigen, 2–3 cm breiten Blütenstand. Jede der intensiv karminrosa Einzelblüten besteht aus 5 rundlichen, an der Basis verwachsenen Blütenblättern.

BLÜTEZEIT: Juni bis September.

VORKOMMEN: Vor allem südliche Kalkalpen, selten; Felsspalten und -schutt, Matten; auf kalkhaltigen, trockenen Böden; bis in 3000 m Höhe; geschützt!

BESONDERES: Die Alpengrasnelke ist eine alpine Unterart der Gewöhnlichen Grasnelke *(Armeria maritima* ssp. *maritima),* die auf sandigen, salzigen Wattwiesen der Nord- und Ostseeküste wächst.

TYPISCH

Unterhalb des köpfchenförmigen Blütenstands sitzen dünne, braune, vertrocknete Hochblätter am Stängel, die nach unten umgeschlagen sind.

Charakteristisch für die Gewöhnliche Pechnelke *(Lychnis viscaria)* ist der klebrige, dunkle Ring unterhalb der Stängelblätter.

Alpenpechnelke

Lychnis alpina

MERKMALE: Die Alpenpechnelke ist eine 5–15 cm hohe Staude mit aufrechtem, unverzweigtem Stängel und zahlreichen bis zu 4 cm langen, schmal ovalen Blättern in einer grundständigen Rosette und wenigen, gegenständigen Stängelblättern. Am Ende des Stängels stehen in einem dichten Köpfchen die purpurrosa Blüten. Die 5 Kronblätter sind an der Spitze eingekerbt und tragen an der Öffnung der Kronröhre ein zweigeteiltes Anhängsel.

BLÜTEZEIT: Juli bis August.

VORKOMMEN: Zentralalpen, sehr selten; sonnige Schutthalden, steinige Matten; auf trockenen, silikathaltigen Böden; in 2000–3000 m Höhe; geschützt!

BESONDERES: Die Art war während der Eiszeit im Mittelmeerraum heimisch und drang nach Abschmelzen der Gletscher ins Gebirge und nach Norden vor.

TYPISCH

Im Gegensatz zur Gewöhnlichen Pechnelke fühlt sich der kräftige, gerade Stängel der Alpenpechnelke nicht klebrig an.

Alpenнelke

Dianthus alpinus

MERKMALE: Die Alpennelke ist eine 5–20 cm hohe Staude, die zu lockeren, flach ausgebreiteten Polstern heranwächst. Ihre bis 3,5 cm langen, nur 2–5 mm schmalen Blätter stehen zumeist in Rosetten. Zur Blütezeit treiben jedoch kurze Stängel mit gegenständigen, kleineren Blättern aus, an deren Ende die 2–3 cm breiten, rosafarbenen Blüten einzeln erscheinen. Ihr Kelch trägt außen 2 oder 4 Schuppen, die in einen langen Fortsatz ausgezogen sind. Als Frucht wird eine Kapsel gebildet, die mit 4 Zähnen aufspringt.

BLÜTEZEIT: Juni bis September.

VORKOMMEN: Nur in den nordöstlichen Alpen; felsige Hänge, steinige, lockere Rasen und Matten, auch in Legföhrengebüsch; auf kalkhaltigen Böden; zwischen 1800 und 2400 m Höhe, gelegentlich auch tiefer; geschützt!

TYPISCH

Die breiten, am Rand fein gezackten Kronblätter der Alpennelke sind im Zentrum der Blüte dunkel purpurn und weiß gesprenkelt.

› Die Steinnelke *(Dianthus sylvestris)*, die auf sonnigen, steilen Hängen wächst, hat ungezeichnete Blüten.

Dolomitennelke | Sternbergs Nelke

Dianthus sternbergii

MERKMALE: Die 10–20 cm hohe Staude mit geradem, aufrechtem Stängel hat gegenständige, nadelartig schmale Blätter, die steif vom Stängel abstehen. Ihre duftenden Blüten erscheinen gewöhnlich einzeln am Stängelende. Außen am röhrenförmig verwachsenen, etwa 2 cm langen Kelch finden sich 4 schmale, in eine grüne Spitze verschmälerte Schuppen. Die ausgebreiteten Kronblätter sind am Rand bis etwa zur Hälfte in zahlreiche Zipfel eingeschnitten. Als Frucht wird eine Kapsel gebildet, die mit 4 Zähnen aufspringt.

BLÜTEZEIT: Juni bis September.

VORKOMMEN: Südostalpen und Dachsteingebirge; Geröll, steinige Wiesen, lückige Rasen; stets auf kalkhaltigen Böden; zwischen 1500 und 2500 m Höhe, gelegentlich auch tiefer; geschützt!

TYPISCH

Die rosafarbenen Kronblätter sind am Rand in feine Fransen zerteilt, die Blütenmitte markiert ein breiter Ring aus rotbraunen Punkten.

Stängelloses Leimkraut

Silene acaulis

MERKMALE: Die allenfalls 5 cm hohe Staude wächst mit ihren reich verzweigten, kriechenden Stängeln zu moosartigen Polstern heran. Ihre nadelartig schmalen, 1 cm langen Blätter sitzen dem Stängel dicht und dachziegelartig an. Die 8–15 mm breiten Blüten stehen einzeln an den Enden der Triebe und erheben sich kaum über das Polster. Ihr zu einer engen Röhre verwachsener Kelch endet in 5 Zipfeln. Die 5 rosaroten Kronblätter sind an der Spitze leicht eingeschnitten oder beinahe gerade.

BLÜTEZEIT: Juni bis September.

VORKOMMEN: Häufig in den nördlichen und südlichen Kalkalpen, sonst selten; Felsspalten, Schutthalden, steinige alpine Rasen; auf kalkhaltigen Böden; in 2000–3000 m Höhe; geschützt!

TYPISCH

Die 5 rosaroten Kronblätter sind außen höchstens leicht eingebuchtet. An der Öffnung der engen Kronröhre tragen sie ein weißes, schuppenförmiges Anhängsel.

Rotes Seifenkraut

Saponaria ocymoides

MERKMALE: Die 10–30 cm hohe, rasenartig wachsende Staude hat niederliegende, verzweigte, am Grund verholzte Stängel, die sich am Ende aufrichten und dann etwas überhängen können. Die gegenständigen, länglich ovalen Blätter werden bis zu 3 cm lang und haben einen glatten Rand. Am Ende der Triebe erscheinen die gut 1 cm breiten, kräftig rosafarbenen, selten auch weißlichen Blüten in dichten Blütenständen. Der rötliche, zu einer Röhre verwachsene Kelch ist behaart und endet in etwa 1 mm langen Zähnen.

BLÜTEZEIT: April bis Oktober.

VORKOMMEN: Im gesamten Alpenraum, außer im Nordosten, selten in den Zentralalpen; alpine Rasen und Matten, Geröllhalden, Latschengebüsch; auf kalkhaltigen, steinigen Böden; zwischen 1500 und 2200 m Höhe.

TYPISCH

Die 5 Kronblätter des Roten Seifenkrauts tragen am Schlundeingang eine zweispitzige Schuppe, die deutlich intensiver gefärbt ist als die Blüte.

› Auch der ähnliche Ungarische Enzian *(Gentiana pannonica)* bringt rote Blüten hervor.

Purpurroter Enzian

Gentiana purpurea

Merkmale: Der aufrechte, hohle Stängel der 20–60 cm hohen Staude trägt bis zu 15 cm lange, gegenständige Blätter. Die ungestielten Blüten erscheinen in den Achseln der oberen Blätter und am Ende des Stängels. Ihre 2,5–4 cm lange Krone breitet sich glockenförmig aus und ist tief in 5 Zipfel geteilt. Sie ist außen braunrot und innen gelblich gefärbt.

Blütezeit: Juli bis September.

Vorkommen: Nordalpen von Oberstdorf bis Landeck, fehlt im östlichen Teil; alpine Rasen und Matten, Hochstaudenfluren, zwischen Zwergsträuchern; auf kalkarmen oder -freien Lehmböden; in 1700–2700 m Höhe; geschützt!

Besonderes: Die bis zu 1 m tief reichende Wurzel enthält Bitterstoffe und dient als Grundstoff für Enzianschnäpse.

Typisch

Der Blütenkelch des Purpurroten Enzians ist auf einer Seite bis zum Grund aufgeschlitzt, während der des Ungarischen Enzians im oberen Drittel in 5–8 Zipfel zerteilt ist.

Rauer Fransenenzian
Gentianella aspera

TYPISCH

Der Raue Fransenenzian hat 5 bewimperte Kelchzipfel mit spitzen Buchten. Im Zentrum der Blüte fällt ein »Kragen« aus langen Haaren auf.

MERKMALE: Der ein- oder zweijährig wachsende, bis zu 40 cm hohe Enzian hat verzweigte, vierkantige Stängel. Seine gegenständigen, bis zu 4 cm langen Stängelblätter sind länglich bis oval und zugespitzt. Die etwas größeren, grundständigen Rosettenblätter sind zur Blütezeit meist bereits abgestorben. Die Blüten stehen einzeln an den Enden der Stängel und Seitenzweige. Ihr verwachsener Kelch ist in 5 spitze, bewimperte Zipfel eingeschnitten. Die rosavioletten Kronblätter sind zu einer rund 2 cm langen Röhre verwachsen und breiten sich dann bis zu 2,5 cm weit aus.

BLÜTEZEIT: Mai bis Oktober.

VORKOMMEN: Nordost- und Zentralalpen; lockere Rasen, Almen, Moorwiesen, Latschengebüsche; meist auf kalkhaltigen Böden; bis in über 2000 m Höhe; geschützt!

Roter Steinbrech

Saxifraga oppositifolia

MERKMALE: Die höchstens 5 cm hohe, polsterförmig wachsende Staude hat niederliegende Stängel, die sich an den Enden aufrichten. Ihre dicht stehenden, gegenständigen Blätter sind an den blütentragenden Stängeln in der Regel größer als an den nicht blühenden. Sie werden bis 6 mm lang, sind fast dreieckig, fleischig, und ihr Rand ist an der Blattbasis bewimpert. Die bis zu 2 cm breiten, rosa bis dunkelroten, fünfzähligen Blüten stehen einzeln an den Enden der Stängel und öffnen sich glockenförmig. Im Lauf der Zeit verfärben sie sich oft blauviolett.

BLÜTEZEIT: April bis September.

VORKOMMEN: Im gesamten Alpenraum, zerstreut; Felsspalten und -schutt, steinige Rasen und Mulden; auf kalkhaltigen, feuchten Böden; zwischen 1500 und 3500 m Höhe; geschützt!

TYPISCH

Die dicht und gegenständig stehenden, fast dreieckigen kleinen Blätter sind charakteristisch für den Roten Steinbrech.

Spinnweben-Hauswurz

Sempervivum arachnoideum

TYPISCH
Die an Spinnengewebe erinnernde, grauweiße Behaarung der Blätter macht die Spinnweben-Hauswurz unverwechselbar.

MERKMALE: Die 5–15 cm hohe Staude weist einen fleischigen Stängel auf, der drüsig behaart und oft rötlich überlaufen ist. Die schmalen Grundblätter stehen in zahlreichen bis 2 cm breiten, grundständigen Rosetten und sind mit einer spinnenwebartigen Behaarung überzogen. Die schmal ovalen Stängelblätter sind rötlich überlaufen und liegen dem Stängel schuppenartig an. Am Ende des Stängels erscheinen mehrere 1–2 cm breite, hellrote Blüten mit zahlreichen schmalen Kronblättern.

BLÜTEZEIT: Juni bis September.

VORKOMMEN: Fast überall in den Alpen; Felsspalten und -schutt, steinige Rasen; nur auf kalkarmen Böden; zwischen 1000 und 3000 m Höhe; geschützt!

BESONDERES: Werden die Blattrosetten durch den Wind abgerissen, können sie an anderer Stelle Wurzeln schlagen.

Schopfige Teufelskralle

Physoplexis comosum, Phyteuma comosum

MERKMALE: Die bis zu 15 cm hohe, kompakte Staude entwickelt einen kurzen, aufrechten Stängel. Ihre Grundblätter sind nierenförmig und haben einen gezackten Rand, während die wechselständigen Stängelblätter oval und unregelmäßig gezackt sind. Am Ende des Stängels stehen bis zu 20 kurz gestielte Blüten in einem halbkugeligen Blütenstand. Die 1,5–2 cm langen Einzelblüten sind blass rötlich bis zartlila gefärbt.

BLÜTEZEIT: Juni bis August.

VORKOMMEN: Südliche Kalkalpen, Comer See bis Julische Alpen; Felsspalten auf Kalk- und Dolomituntergrund; in 1000–1800 m Höhe; geschützt!

BESONDERES: Diese Pflanze vermag auch auf felsigem Untergrund und in Felsspalten ohne Humusauflage zu wachsen.

TYPISCH

Die bauchig verwachsenen Kronblätter der Einzelblüten laufen in einen langen, dunkelvioletten bis fast schwarzen Schnabel aus, den eine zweigriffelige Narbe überragt.

> Die Blüten des Alpensüßklees *(Hedysarum hedysaroides)* stehen in einer bis zu 5 cm langen Traube.

Alpenklee

Trifolium alpinum

MERKMALE: Der Alpenklee ist eine 5–20 cm hohe Staude. Alle Blätter entspringen direkt dem langen, kriechenden Wurzelstock. Sie sind lang gestielt und in 3 schmale, spitz zulaufende Fiedern geteilt. Am Ende eines langen Stiels, der ebenfalls direkt am Wurzelstock aus den Achseln der Blätter hervortreibt, stehen bis zu 15 Schmetterlingsblüten in einem dichten, kugeligen Köpfchen.

BLÜTEZEIT: Juni bis August.

VORKOMMEN: Selten in den nördlichen und südlichen Kalkalpen, häufiger in den Zentralalpen; Rasen und Matten; auf kalkfreien Böden; zwischen 1700 und 2700 m Höhe.

BESONDERES: Der Alpenklee hat von allen heimischen Kleearten die größten Blüten. Sie werden von Schmetterlingen und langrüsseligen Hummeln bestäubt.

TYPISCH

Die angenehm duftenden Einzelblüten des Alpenklees werden bis zu 2 cm lang. Sie sind hellrosa bis rot gefärbt, mit einem etwas helleren Schiffchen.

› Die zarten Blütenstände erheben sich über die blaugrünen Blätter, die an das Laub von Akeleien erinnern.

Akeleiblättrige Wiesenraute | Amstelraute

Thalictrum aquilegifolium

MERKMALE: Die verzweigten Stängel der 50–150 cm hohen Staude tragen wechselständige, bläulich grüne, zweifach gefiederte Blätter, die einzelnen Teilblättchen sind oval und an der Spitze tief gezackt. Am Stielansatz befinden sich jeweils 2 breite, knorpelig wirkende Auswüchse. Die zahlreichen etwa 2 cm breiten Blüten stehen in einer dichten, flachen Rispe. Ihre unscheinbaren, grünlichen Hüllblätter fallen beim Aufblühen ab, sodass die Blüte nur aus dem Fruchtknoten und einem Büschel rötlicher bis weißer Staubblätter besteht.

BLÜTEZEIT: Juni bis August.

VORKOMMEN: Alpenvorland und Alpen; Bergwälder, Bachtälchen, Hochstaudenfluren, Gebüsche; auf kalkhaltigen, feuchten Böden; bis in etwa 2000 m Höhe.

TYPISCH

Ihre charakteristischen Blüten, die nur aus Fruchtknoten und zahlreichen auffallenden Staubblättern bestehen, machen die Akeleiblättrige Wiesenraute unverwechselbar.

Filziger Alpendost

Adenostyles leucophylla

TYPISCH

Namengebend und charakteristisch für den Filzigen Alpendost ist die dichte, weiße Behaarung seiner Blätter und Stängel.

MERKMALE: Die 10–50 cm hohe Staude hat einen aufrechten, filzig behaarten Stängel, der sich nur im Bereich des Blütenstands verzweigt. Seine grundständigen, dreieckigen bis herzförmigen Blätter sind lang gestielt und werden bis zu 20 cm breit. Sie haben einen gezackten Rand mit dreieckigen, fein zugespitzten Zähnen und eine dicht weißfilzig behaarte Unterseite. Der doldenartige Blütenstand besteht aus zahlreichen kräftig rot gefärbten Blütenkörbchen mit jeweils wenigen röhrenförmigen Blüten, aus denen die Griffel herausragen. Die kleinen, einsamigen Früchte tragen dichte Flughaare.

BLÜTEZEIT: Juni bis September.

VORKOMMEN: In den Zentral- und westlichen Südalpen, relativ selten; auf Schutthalden, in Bachgeröll; auf silikatreichen Böden; bis in etwa 3000 m Höhe.

> Je nach Exemplar und dem Stand der Sonne erscheinen die Blüten der Alpenaster rosa, weiß oder nahezu blauviolett.

Alpenaster | Frühlingsaster

Aster alpinus

MERKMALE: Die Alpenaster ist eine 5–20 cm hohe Staude mit aufrechtem, nur im oberen Bereich gelegentlich verzweigtem Stängel und länglichen Blättern. Die 3–4,5 cm breiten Blütenkörbchen erscheinen einzeln am Ende des Stängels. Die äußeren, zungenförmigen Blüten werden bis zu 2 cm lang und 2 mm breit. Ihre Farbe kann von fast Weiß über Rosa bis Blauviolett variieren. Im Zentrum des Körbchens leuchten gelbe Röhrenblüten. Die winzigen, harten, samenähnlichen Früchte tragen Flughaare und bleiben den Winter über an der Pflanze stehen.

BLÜTEZEIT: Juli bis September.

VORKOMMEN: Zerstreut im gesamten Alpenraum; Weiden und Matten; auf kalkhaltigen, flachgründigen Lehmböden; in 1500–3000 m Höhe; geschützt!

TYPISCH

Wenngleich die Alpenaster in unterschiedlichen Farben auftreten kann, ist sie doch aufgrund ihrer breiten Blütenkörbchen unverwechselbar.

› Blätter und Stängel des Gewöhnlichen Katzenpfötchens *(Antennaria dioica)* sind dicht von weißen, filzigen Haaren bedeckt.

Einköpfiges Berufkraut

Erigeron uniflorus

MERKMALE: Die 3–20 cm hohe Staude mit aufwärts gebogenem Stängel bildet eine grundständige Rosette aus länglichen Blättern. Am Stängel befinden sich nur wenige wechselständige, schmalere Blätter. Am Sprossende erscheinen einzeln etwa 2 cm breite, rosa Blütenkörbchen. Als Früchte reifen dann 2 mm lange Körnchen mit feinen Borstenhaaren heran.

BLÜTEZEIT: Juni bis September.

VORKOMMEN: Verbreitet im gesamten Alpenraum; Felsspalten, Rasen und Matten; auf kalkarmen, steinigen Lehmböden; in 1500–2500 m Höhe.

BESONDERES: Der Name »Berufkraut« hat nichts mit einer Tätigkeit zu tun, sondern bezieht sich auf das »Berufen«, das Verhexen, gegen das man die Pflanze im Mittelalter zum Schutz bei sich trug.

TYPISCH

Die feinen, rosafarbenen Zungenblüten am Rand des Blütenkörbchens sind kaum 1 mm breit. Die Hülle des Körbchens ist dicht wollig behaart.

› Bei den Blüten der Perückenflockenblume *(Centaurea pseudophrygia)* tragen die Hüllblätter lange, fedrige Anhängsel.

Einköpfige Flockenblume

Centaurea uniflora

MERKMALE: Die 20–40 cm hohe Staude ist dicht weißfilzig behaart. Ihre wechselständigen, gezackten Blätter sind länglich oval und zugespitzt. Die oberen Blätter umfassen den Stängel mit ihrer Basis. Am Ende des unverzweigten Stängels steht ein 3–4 cm breites Blütenkörbchen. Es wird kelchartig von mehreren Reihen dunkelbrauner Hüllblätter umgeben, die in eine lange, federartige Spitze auslaufen. Das Körbchen besteht nur aus rosaroten Röhrenblüten, deren größere äußere sich nach außen abspreizen.

BLÜTEZEIT: Juli bis September.

VORKOMMEN: Südwestliche Alpen bis zum Wallis; sonnige Wiesen, Gebüsche, felsige Hänge; auf trockenen Böden; zwischen 1500 und 2600 m Höhe.

TYPISCH

Kennzeichnend für die Einköpfige Flockenblume ist die weißfilzige Behaarung der Pflanze in Verbindung mit dem einblütigen Stängel und den schmalen, lang ausgezogenen Hüllblättern.

› Die Verschiedenblättrige Kratzdistel *(Cirsium helenioides)* hat dicht weißwollig behaarte Blattunterseiten.

Alpendistel

Carduus defloratus

MERKMALE: Der Stängel der 10–90 cm hohen Staude trägt direkt unterhalb der Blütenkörbchen meist keine Blätter. Am unteren Teil sitzen länglich ovale, manchmal auch eingebuchtete Blätter mit stachelig gezacktem Rand. Am Stängelende stehen einzeln die 1,5–2,5 cm breiten Blütenkörbchen mit purpurnen, röhrenförmigen Einzelblüten. Jedes Körbchen wird kelchartig von mehreren Reihen stacheliger, aber unbehaarter Hüllblätter umschlossen.
BLÜTEZEIT: Juni bis September.
VORKOMMEN: Verbreitet im gesamten Alpen- und Voralpenraum; Felsschutt, lichte Wälder, trockene Rasen und Gebüsche; auf kalkhaltigen, trockenen Böden; bis in etwa 3000 m Höhe.
BESONDERES: Ins Tiefland umgesetzte Pflanzen treiben ungeteilte Blätter aus.

TYPISCH
Durch ihre unbehaarten Blätter und den blattlosen Abschnitt unter den Körbchen lässt sich die Alpendistel von ähnlichen Arten abgrenzen.

› Beim Geschnäbelten Läusekraut *(Pedicularis rostrato-capitata)* stehen die fein gefiederten Blätter wechselständig am Stängel.

Quirlblättriges Läusekraut

Pedicularis verticillata

MERKMALE: Die Blätter der 5–30 cm hohen Staude sind fast bis zur Mittelrippe eingebuchtet und die Fiedern ihrerseits stark gezackt. Während die grundständigen Blätter eine Rosette bilden, sitzen die Stängelblätter in Quirlen dem Stängel an. Am Stängelende drängen sich zahlreiche purpurrote Blüten in einer dichten Traube. Ihre zweilippige Krone besteht aus einer helmförmig aufgewölbten Oberlippe und einer dreigeteilten Unterlippe.

TYPISCH

Die zu dritt oder zu viert in einem Quirl stehenden Stängelblätter kennzeichnen das Quirlblättrige Läusekraut eindeutig.

BLÜTEZEIT: Juni bis August.

VORKOMMEN: Zerstreut in den nördlichen und südlichen Kalkalpen, selten auch in den Zentralalpen; alpine Matten und Rasen; auf feuchten, kalkhaltigen Böden; in 1000–2800 m Höhe; geschützt!

BESONDERES: Das giftige Quirlblättrige Läusekraut zapft als Halbschmarotzer die Wurzeln von Gräsern an.

› Die Krainer Lilie *(Lilium carniolicum)* hat etwas breitere Blätter als die Türkenbundlilie und orangerote Blüten.

Türkenbundlilie

Lilium martagon

MERKMALE: Die 30–150 cm hohe Zwiebelpflanze hat bis zu 15 cm lange, schmal ovale Blätter mit glattem Rand. Die unteren stehen in Quirlen, die oberen wechselständig. Die 5–8 cm breiten, duftenden Blüten erscheinen am Ende des Stängels in einer Traube. Die langen Blütenstiele sind nach unten geneigt, sodass sich die Blüte nach unten öffnet. Ihre 6 dunkelrosa bis fleischroten Hüllblätter biegen sich turbanartig nach oben um.
BLÜTEZEIT: Juni bis August.
VORKOMMEN: Im gesamten Alpenraum; Bergwälder, Gebüsche, Hochstaudenfluren, Bergwiesen; auf humusreichen Böden; bis in 2800 m Höhe; geschützt!
BESONDERES: Die Pflanze verfügt über so genannte Zugwurzeln. Sie können sich verkürzen und so die Zwiebel in die günstigste Wachstumstiefe hinabziehen.

TYPISCH

Die Blattquirle sowie die wie ein Turban hoch gewölbten Blütenblätter sind typische Kennzeichen der Türkenbundlilie.

› Die Blüten der Mückenhändelwurz *(Gymnadenia conopsea)* haben eine dreilappige Lippe und einen sehr langen Sporn.

Rotbraune Stendelwurz

Epipactis atrorubens

MERKMALE: Diese Orchideen-Art ist eine 20–60 cm hohe Staude mit einer verdickten Knolle. Ihr Stängel sieht im Blütenbereich etwas geschlängelt aus. Die ovalen, bis 8 cm langen Blätter sind wechselständig und stehen vom Stängel ab. Am Ende des Stängels bilden zahlreiche rotbraune Blüten einen lockeren Blütenstand. Die breite Lippe ist seitlich eingeschnitten, ihr vorderer Teil sieht herzförmig aus und trägt an seiner Basis 2 runzelige Höcker.

BLÜTEZEIT: Mai bis August.

VORKOMMEN: Verbreitet im gesamten Alpenraum; lichte Gebüsche, trockene Wälder, Wiesen; auf kalkreichen Böden; bis in etwa 2000 m Höhe; geschützt!

BESONDERES: Gelegentlich ist die Rotbraune Stendelwurz auch im Tiefland anzutreffen.

TYPISCH

Der Stängel der Rotbraunen Stendelwurz ist rötlich überlaufen und im oberen Teil dicht behaart; die Blüten duften deutlich nach Vanille oder Kakao.

> Solange die Blüten des Brandknabenkrauts *(Orchis ustulata)* noch nicht geöffnet sind, sehen sie fast schwarz aus.

Schwarzes Kohlröschen

Nigritella nigra

MERKMALE: Die kleine, 5–15 cm hohe Staude hat einen etwas kantigen Stängel, der einer handförmig geteilten Knolle entspringt. Die wechselständigen, grasartig schmalen Blätter sitzen direkt dem Stängel an. Am Ende des Stängels stehen bis zu 50 dunkelrote bis fast braunrote, nur selten auch hellere Blüten in einem dichten, kugeligen bis eiförmigen Blütenstand. Die 1–1,5 cm breiten Blüten duften nach Vanille. Ihre annähernd dreieckige Lippe ist nach oben gerichtet und läuft in eine lange, gerade Spitze aus.

BLÜTEZEIT: Juni bis September.

VORKOMMEN: Im gesamten Alpenraum, selten, aber stellenweise in größerer Zahl; alpine Matten; auf kalk- und humusreichen, aber mageren Böden; in 1500–2500 m Höhe; geschützt!

TYPISCH

Das Schwarze Kohlröschen hat im Unterschied zu den meisten anderen Orchideen-Arten Blüten mit einer deutlich nach oben weisenden Lippe.

› Die Zwerggänsekresse *(Arabis pumila)* hat glattrandige Blätter und bildet nur wenige und kleinere Blüten aus.

Alpengänsekresse

Arabis alpina

MERKMALE: Die 10–40 cm hohe Staude wächst in lockeren Polstern. Ihre Triebe durchwachsen groben Schotter und bilden an ihrem Ende Blattrosetten. Die länglich ovalen Rosettenblätter sind grob gezackt und behaart, die Stängelblätter sitzen wechselständig am Stängel. Darüber stehen die bis zu 1 cm breiten, weißen Blüten in einer doldenartigen Traube. Die Frucht ist eine bis zu 6 cm lange, schmale Schote auf fast waagrechtem Stiel.

BLÜTEZEIT: März bis Oktober, gelegentlich sogar im Winter.

VORKOMMEN: Zerstreut in den nördlichen und südlichen Kalkalpen, seltener in den Zentralalpen; Felsspalten und -schutt, kiesige Bachufer; auf kalkhaltigen, feuchten Böden; zwischen 1500 und 2500 m Höhe.

TYPISCH

Im Gegensatz zur Zwerggänsekresse umfassen die kleinen Stängelblätter der Alpengänsekresse den Stängel mit ihrer herzförmigen Basis.

› Die blütentragenden Stängel des Felsenkugelschötchens *(Kernera saxatilis)* ragen bis zu 40 cm hoch über den Blattrosetten auf.

Alpengämskresse

Hutchinsia alpina, Pritzelago alpina

MERKMALE: Die nur 5–15 cm hohe, in kleinen Polstern wachsende Staude hat blattlose, sich bogenförmig aufrichtende Stängel. Ihre fleischigen, unpaarig gefiederten Grundblätter sind in einer Rosette angeordnet. Am Stängelende stehen wenige Blüten in einem doldenartigen Blütenstand. Die 4 grünen Kelchblätter haben einen schmalen, weißen Rand. Sie bilden wie die 4 rundlichen, weißen Kronblätter ein Kreuz. Die Frucht ist ein bis 5 mm langes, ovales, abgeflachtes Schötchen.
BLÜTEZEIT: April bis August.
VORKOMMEN: Zerstreut in den nördlichen und südlichen Kalkalpen, sehr selten in den Zentralalpen; Geröll, Felsschutt oder alpine Matten; auf steinigen, kalkhaltigen Böden; zwischen 1000 und 3000 m Höhe.

TYPISCH

Die grundständigen Rosettenblätter in Verbindung mit dem ovalen Schötchen sind ein sicheres Erkennungsmerkmal der Alpengämskresse.

› Beim ebenfalls geschützten Zottigen Mannsschild *(Androsace villosa)* sind die Blätter rundlicher und auch unterseits behaart.

Haariger Mannsschild | Zwergmannsschild

Androsace chamaejasme

MERKMALE: Der Haarige Mannsschild ist eine bis zu 10 cm hohe Staude mit flachen, lockere Polster bildenden Blattrosetten. Die Blätter werden bis zu 1,5 cm lang, sind zugespitzt und tragen am glatten Rand wimpernartige Haare. Die weißen bis zart rosafarbenen Blüten stehen in doldenartigen Blütenständen auf einem behaarten, kräftigen Stängel, der zur Blütezeit aus der Rosette austreibt. Auch der verwachsene Kelch ist behaart. Als Frucht wird eine 3 mm lange, rundliche Kapsel gebildet.

BLÜTEZEIT: Juni bis August.

VORKOMMEN: Zerstreut in den nördlichen Kalkalpen, selten in den Zentral- und südlichen Kalkalpen; Felsschutt, Felsspalten und steinige Rasen; auf kalkreichen, steinigen Böden; zwischen 1800 und 3000 m Höhe; geschützt!

TYPISCH

Der Haarige Mannsschild hat dicht behaarte Stängel und Blütenkelche, bei seinen Blättern jedoch sind nur die Ränder wimpernartig behaart.

> Der dicht behaarte Vandellis Mannsschild *(Androsace vandellii)* wächst nur auf silikathaltigem Untergrund.

Schweizer Mannsschild

Androsace helvetica

MERKMALE: Die nur 1–3 cm hohe Staude wächst in kompakten Polstern, sodass man die kurzen Stängel nicht sieht. Ihre schmalen, nur wenige Millimeter langen, behaarten Blätter bilden halbkugelige Rosetten. In den oberen Blattachseln stehen etwa 5 mm breite Blüten. Sie sind weiß, gelegentlich auch rosa überlaufen und an der Öffnung zur Kronröhre hellgelb gefärbt. Als Früchte reifen 2,5 mm lange, rundliche Kapseln heran.
BLÜTEZEIT: Mai bis Juli.
VORKOMMEN: Nördliche und südliche Kalkalpen, Zentralalpen, selten; Felsspalten, Felsschutt; auf kalkhaltigem Untergrund; in 1800–3500 m Höhe; geschützt!
BESONDERES: Der Schweizer Mannsschild wächst äußerst langsam. Bis ein Polster 15 cm Durchmesser erreicht, können Jahrzehnte vergehen.

TYPISCH
Das kompakte Polster mit den behaarten Blattrosetten ist ein typisches Merkmal des Schweizer Mannsschilds.

Blaugrüner Steinbrech

Saxifraga caesia

MERKMALE: Die 2–15 cm hohe, polsterförmig wachsende Staude hat kriechende, verzweigte und dicht beblätterte Stängel. Ihre schmalen, nur 3–6 mm langen Blätter überdecken sich dachziegelartig und sind an der Spitze zurückgekrümmt. Zur Blütezeit wachsen aus den Polstern blütentragende, schwach behaarte Stängel aus, die wenige wechselständige Blätter tragen. Am Stängelende erscheinen weiße Blüten in traubigen Blütenständen. Die 5 bewimperten Kelchblätter liegen den rundlichen Kronblättern eng an.

BLÜTEZEIT: Juni bis September.

VORKOMMEN: Zerstreut in den nördlichen und südlichen Kalkalpen; Felsspalten, ruhender Felsschutt, lückige Rasen; auf kalkreichem, steinigem Untergrund; in 1500–2500 m Höhe; geschützt!

TYPISCH

Wegen der starren Blätter, die auf ihrer Oberseite aus Drüsen Kalk ausscheiden, fühlen sich die Polster des Blaugrünen Steinbrechs hart an.

Traubensteinbrech

Saxifraga paniculata

TYPISCH

Die fleischigen, löffelförmigen Rosettenblätter des Traubensteinbrechs tragen auf der Oberseite helle, schuppenförmige Drüsen, die Kalk ausscheiden.

MERKMALE: Die 5–40 cm hohe Staude entwickelt drüsig behaarte Stängel und Blattrosetten, die den Boden rasenartig bis polsterförmig abdecken. Die bis zu 5 cm langen Rosettenblätter verbreitern sich zur Spitze hin löffelartig. Sie sind am Rand fein gezackt und behaart. Am Ende des wechselständig beblätterten Stängels stehen bis zu 30 Blüten in einem doldenartigen Blütenstand. Ihre 5 rundlichen, weißen Kronblätter sind an der Basis oft rot gepunktet.
BLÜTEZEIT: Juni bis September.
VORKOMMEN: Zerstreut im gesamten Alpenraum und den Voralpen; Felsspalten, offene, alpine Rasen; auf steinigem Untergrund; zwischen 500 und 3000 m Höhe; geschützt!
BESONDERES: Der Traubensteinbrech mag keinen feinerdigen Boden. Er gehört zu den ersten Besiedlern nackter Felsflächen.

Einblütiges Hornkraut

Cerastium uniflorum

MERKMALE: Das Einblütige Hornkraut ist eine 5–10 cm hohe Staude mit niederliegenden, wenig verzweigten Trieben, aus denen die blütentragenden Stängel austreiben. Es wächst zu dichten, rasenartigen Beständen heran. Seine wechselständigen, bis zu 1,5 cm langen Blätter verbreitern sich von der Basis bis zur Spitze auf etwa 5 mm. Sie sind gelblich grün gefärbt und behaart. Die kurz behaarten Blütenstängel tragen am Ende je eine 2–3 cm breite, weiße Blüte. Aus dem behaarten Kelch breiten sich 5 an der Spitze tief herzförmig eingeschnittene Kronblätter aus.

BLÜTEZEIT: Juni bis September.

VORKOMMEN: Vorwiegend in den Zentralalpen; Felsspalten und -schutt; nur auf kalkarmem, silikathaltigem Untergrund; in 1900–3200 m Höhe.

TYPISCH

Die weißen Kronblätter des Einblütigen Hornkrauts sind tief herzförmig eingeschnitten und etwa doppelt so lang wie die behaarten Kelchblätter.

Die Blütenkronen des Alpenleimkrauts *(Silene vulgaris* ssp. *prostrata)* ragen aus einem aufgeblähten, rötlichen Kelch.

Felsenleimkraut

Silene rupestris

MERKMALE: Das Felsenleimkraut ist eine zweijährige, 10–30 cm hohe Pflanze mit dünnem, verzweigtem Stängel. Die gegenständigen, schmal ovalen Blätter werden bis zu 2 cm lang. Am Ende des Stängels stehen wenige gut 1 cm breite Blüten in einem lockeren, traubenförmigen Blütenstand. Ihre 5 vorn herzförmig eingeschnittenen Kronblätter sind weiß oder rosa, der Kelch hat 10 längs verlaufende Nerven.

BLÜTEZEIT: Mai bis August.

VORKOMMEN: Zerstreut in den Zentralalpen; Felsspalten und -schutt, offene Böden; auf nährstoff- und kalkarmen Böden; zwischen 1500 und 2500 m Höhe; geschützt!

BESONDERES: Die Pflanze bildet in ihren Fruchtkapseln bis zu 1000 Samen aus, die vom Wind verbreitet werden.

TYPISCH

Die weißen, vorn herzförmig eingeschnittenen Kronblätter des Felsenleimkrauts sind etwa doppelt so lang wie der gelbgrün gefärbte Kelch.

› Die schmalen Blätter der sehr ähnlichen Felsenmiere *(Minuartia rupestris)* sind am Rand mit kurzen Wimpern besetzt.

Frühlingsmiere

Minuartia verna

MERKMALE: Die Frühlingsmiere ist eine 5–15 cm hohe, polsterförmig wachsende Staude mit niederliegenden bis aufrechten Stängeln, die sich höchstens im oberen Bereich etwas verzweigen. Ihre wechselständigen, nadelartig schmalen Blätter werden bis 1,5 cm lang. Sie stehen im unteren Stängelbereich dichter als oben. Am Ende des Stängels befinden sich eine oder wenige bis zu 8 mm breite Blüten in lockeren Blütenständen. Die Kelchblätter sind schmal und zugespitzt, die weißen Kronblätter oval und vorn abgerundet.

BLÜTEZEIT: Mai bis August.

VORKOMMEN: Selten, aber in den gesamten Alpen und dem Alpenvorland; Felsschutt, lückige Rasen; auf kalkreichen, lehmigen Böden; bis in über 3000 m Höhe; geschützt!

TYPISCH

Die schmalen, zugespitzten Kelchblätter der Frühlingsmiere sind etwa so lang wie die eiförmigen Kronblätter, zwischen denen sie hervorschauen.

› Das Dreigriffelige Hornkraut *(Cerastium cerastoides)* hat breitere, etwas fleischige Blätter und 2 cm breite Blüten.

Kriechendes Gipskraut

Gypsophila repens

MERKMALE: Die 10–30 cm hohe Staude mit bogenförmig aufsteigenden Trieben wächst in lockeren Rasen. Neben den blütentragenden Stängeln treiben aus dem kriechenden Wurzelstock auch zahlreiche dicht beblätterte, nicht blühende Sprosse aus. Die gegenständigen, schmalen Blätter werden bis zu 3 cm lang und 1–3 mm breit. Am Ende der Stängel stehen mehrere bis zu 1 cm breite Blüten in einem rispenartigen Blütenstand. Die 5 weißen bis rosa überlaufenen Kronblätter sind vorn gerundet.

BLÜTEZEIT: Mai bis September.

VORKOMMEN: Häufig in den nördlichen und südlichen Kalkalpen, selten auch in den Zentralalpen; Felsspalten und -schutt, Kiesufer von Bächen; auf kalkhaltigen, lockeren Böden; zwischen 1500 und 2800 m Höhe.

TYPISCH

Der glockige, fünfzipfelige Kelch des Kriechenden Gipskrauts weist 5 Längsstreifen auf und ist bis etwa zur Hälfte verwachsen.

Alpenhahnenfuß

Ranunculus alpestris

MERKMALE: Der Alpenhahnenfuß ist eine 5–15 cm hohe Staude. Seine oberseits glänzenden Grundblätter sind im Umriss fast rund, am Rand aber tief in 3–5 Abschnitte eingebuchtet und rundlich gezackt. Die bis zu 2,5 cm breiten Blüten erscheinen einzeln am Ende des längs gerillten Stängels oder der wenigen Seitenäste. Ihre 5 weißen, vorn rundlich eingeschnittenen Blütenblätter stehen um zahlreiche gelbe Staubblätter herum.

BLÜTEZEIT: Juni bis September.

VORKOMMEN: Zerstreut in den nördlichen Kalkalpen, selten in den Zentral- und südlichen Kalkalpen; Schneetälchen, offene Rasen, Rinnen; auf kalkhaltigen, feuchten Böden; zwischen 1500 und 2800 m Höhe; geschützt!

BESONDERES: Wie alle Hahnenfuß-Arten ist der Alpenhahnenfuß schwach giftig.

TYPISCH

Die im Umriss rundlichen, am Rand tief eingebuchteten Blätter sind ein Erkennungsmerkmal dieser Hahnenfuß-Art.

› Der Gletscherhahnenfuß ist eine Pionierpflanze der Hochalpen. Er kann sogar in direkter Nähe ewigen Schnees wachsen.

Gletscherhahnenfuß

Ranunculus glacialis

MERKMALE: Die 5–20 cm hohe Staude hat niederliegende bis aufrechte Stängel, die meist kahl sind, manchmal aber auch zottig behaart sein können. Ihre fleischigen, handförmig geteilten Grundblätter bestehen aus 3 tief eingebuchteten Fiedern. Die Stängelblätter sind weniger tief geteilt, ihre einzelnen Fiedern oft schmaler. An den Stängelenden steht jeweils eine einzelne bis zu 3 cm breite, weiße Blüte mit zahlreichen Staubblättern.

BLÜTEZEIT: Juli bis August.

VORKOMMEN: Zerstreut in den Zentralalpen; Felsschutt und -spalten, Moränen; auf kalkarmen, steinigen Böden; in 1600–4000 m Höhe; geschützt!

BESONDERES: Von allen Blütenpflanzen der Alpen hält diese Art den Höhenrekord: Man hat sie am Finsteraarhorn noch in 4274 m Höhe gefunden.

TYPISCH

Die zunächst stets rein weißen Blüten des Gletscherhahnenfußes verfärben sich mit zunehmendem Alter rötlich.

Alpenküchenschelle

Pulsatilla alpina

MERKMALE: Die 20–50 cm hohe Staude entwickelt unverzweigte, zottig behaarte Stängel. Ihre lang gestielten Grundblätter sind handförmig in 3 Fiedern geteilt, die ihrerseits stark unterteilt sind. Unterhalb der Blüte stehen 3 ähnliche Hochblätter in einem Quirl. Am Ende des Stängels bildet sich eine einzige 3–6 cm breite Blüte mit zahlreichen kurzen Staubblättern. Die Außenseite der meist 5 oder 6 Blütenblätter kann blaurot überlaufen sein, die Innenseite ist jedoch stets weiß gefärbt. Die auffallenden Früchte tragen einen langen, behaarten Griffel.

BLÜTEZEIT: Mai bis Juli.

VORKOMMEN: Nördliche und südliche Kalkalpen, selten; alpine Matten und Rasen; auf kalkhaltigen Böden; in 1200–3000 m Höhe; geschützt!

TYPISCH

Die Früchte der Alpenküchenschelle tragen lange, federhaarige Griffel, die den Fruchtstand wie einen silbergrauen Haarschopf wirken lassen.

Silberwurz

Dryas octopetala

MERKMALE: Der immergrüne, nur 5–15 cm hohe Zwergstrauch kann mit seinen bis zu 50 cm langen, verholzten Trieben Ausläufer bilden und große Flächen bedecken. Seine ovalen, regelmäßig eingekerbten Blätter sitzen dem Blattstiel mit einem herzförmigen Einschnitt an. Die 2–4 cm breiten, weißen Blüten erscheinen einzeln auf langen, behaarten Stielen in den Achseln der Blätter. Die schmalen Kelchblätter tragen rotbraune, am Rand weiße Haare. Im Blüteninnern stehen zahlreiche gelbe Staubblätter.

BLÜTEZEIT: Mai bis August.

VORKOMMEN: Zerstreut in den nördlichen und südlichen Kalkalpen, selten in den Zentralalpen; Felsschutt, lückige Rasen; auf kalkhaltigem, steinigem Untergrund; etwa zwischen 1200 und 2500 m Höhe; geschützt!

TYPISCH

Die ovalen Blätter der Silberwurz sind am Rand eng und regelmäßig rundlich eingekerbt und auf der Unterseite dicht mit weißen Haaren bedeckt.

› Der 30–100 cm hohe Alpenknöterich *(Polygonum alpinum)* hat bis zu 15 cm lange, spitz zulaufende Blätter.

Waldgeißbart

Aruncus dioicus, Aruncus sylvestris

MERKMALE: Die stattliche, 1–2 m hohe Staude hat wechselständige, zwei- bis dreifach gefiederte Blätter. Die Teilblättchen sind oval mit gezacktem Rand. Zahlreiche nur 2–4 mm breite Blüten stehen in großen, bis zu 50 cm langen Rispen beieinander. Die männlichen Blüten sind gelblich gefärbt und enthalten zahlreiche lange Staubblätter, die weiblichen hingegen erscheinen rein weiß.

BLÜTEZEIT: Mai bis August.

VORKOMMEN: Im gesamten Alpenraum häufig; Schlucht- und Bergwälder, Hochstaudenfluren, Bachränder; auf kalkarmen, lockeren Böden, die stets feucht sein müssen; bis in 1700 m Höhe.

BESONDERES: Seit dem Mittelalter wird der Waldgeißbart auch als Zierpflanze in schattigen Gärten gepflanzt.

TYPISCH

Vom Waldgeißbart gibt es männliche und weibliche Pflanzen. Nur auf den weiblichen Exemplaren entwickeln sich nach der Blüte 3 mm lange, hängende Balgfrüchte.

› Von Spätsommer bis Herbst bildet die Echte Bärentraube ihre charakteristischen roten Beeren.

Echte oder Immergrüne Bärentraube

Arctostaphylos uva-ursi

MERKMALE: Die niederliegenden bis aufsteigenden, reich verzweigten Äste dieses 30–100 cm hohen, immergrünen Zwergstrauchs haben eine braunrote Rinde. Die ovalen, glattrandigen Blätter fühlen sich ledrig an. An den Enden der Zweige erscheinen jeweils mehrere Blüten, deren Krone zu einer kugeligen weißen Glocke mit 5 rötlichen Zipfeln verwachsen ist. Als Früchte entstehen leuchtend rote Beeren.

BLÜTEZEIT: März bis Juli.

VORKOMMEN: Im gesamten Alpenraum; lichte Nadelwälder, Gebüsche, Felsschutt; auf kalkhaltigen, steinigen Böden; bis in 2500 m Höhe; geschützt!

BESONDERES: Die Echte Bärentraube ist eine alte Heilpflanze, die verschiedene Giftstoffe enthält. Die Pflanze kann bis zu 100 Jahre alt werden.

TYPISCH

Die ledrigen, glattrandigen Laubblätter der Echten Bärentraube sitzen gegenständig an den Zweigen, sind aber häufig quirlartig zusammengedrängt.

› Was wie weiße Blütenblätter aussieht, sind in Wirklichkeit behaarte Hochblätter, die den eigentlichen Blütenstand umgeben.

Edelweiß

Leontopodium alpinum

MERKMALE: Das Edelweiß ist eine 5–15 cm hohe Staude mit einem dicht und wollig behaarten Stängel. Seine schmalen, wechselständigen Stängelblätter sind dicht behaart. Mehrere 4–8 mm breite Blütenkörbchen bilden am Stängelende einen kleinen Blütenstand, der von weißfilzig behaarten Hochblättern umgeben ist. Im Innern der Blütenkörbchen sitzen röhrenförmige männliche, am Rand fadenförmig dünne weibliche Einzelblüten.

BLÜTEZEIT: Juli bis September.

VORKOMMEN: Selten in den nördlichen und südlichen Kalkalpen, sehr selten in den Zentralalpen; Felsspalten und Rasen; auf steinigen, lockeren Böden; bis in über 2500 m Höhe; geschützt!

BESONDERES: Die silbrige Behaarung des Edelweiß reflektiert das Sonnenlicht und dient als Schutz vor Austrocknung.

TYPISCH

Seine charakteristischen Blütenstände mit den weißfilzig behaarten Hochblättern machen das Edelweiß unverwechselbar.

› Im Unterschied zu den anderen Schafgarben-Arten hat die Sumpfschafgarbe *(Achillea ptarmica)* schmale, fein gezackte Blätter.

Bittere Schafgarbe | Steinraute | Weißer Speik

Achillea clavenae

MERKMALE: Der Stängel dieser 10–40 cm hohen Staude trägt vor allem im oberen Teil seidige, weiße Haare. Die wechselständigen, silbrig behaarten Blätter sind länglich und tief eingebuchtet. Am Ende des Stängels stehen mehrere Blütenkörbchen in einem doldenartigen Blütenstand. Jedes Blütenkörbchen wird von mehreren Reihen von Hüllblättern mit dunklem Rand umgeben. Die äußeren, ovalen Zungenblüten sind weiß, die Röhrenblüten im Innern eher grau gefärbt.

BLÜTEZEIT: Juni bis September.

VORKOMMEN: Im Osten der nördlichen und südlichen Kalkalpen, selten auch in den östlichen Zentralalpen; Felsspalten und -schutt, lückige Rasen; auf kalkreichen, steinigen Böden; zwischen 1500 und 2500 m Höhe; geschützt!

TYPISCH

Die seidig behaarten Blätter sind fast bis zur Mittelrippe eingebuchtet, ihre einzelnen Abschnitte nach vorn gerichtet und meist grob gezackt.

› Die breiten Blütenkörbchen der Akanthusblättrigen Eberwurz *(Carlina acanthifolia)* sind von gelben Hochblättern umstanden.

Silberdistel | Stängellose Eberwurz

Carlina acaulis

MERKMALE: Die Silberdistel ist eine 5–40 cm hohe Staude mit sehr kurzem, meist filzig behaartem Stängel. Beinahe alle ihre Blätter stehen grundständig in einer Rosette. Sie sind bis fast zur Mittelrippe eingebuchtet, die gezackten Abschnitte laufen in einen Stachel aus. Am Stängelende erscheinen bis zu 12 cm breite, flache Blütenkörbchen mit gelblich weißen Röhrenblüten. Sie sind von einem Blätterkranz umgeben. Die kleinen, einsamigen Früchte tragen zahlreiche Flughaare.

BLÜTEZEIT: Juli bis September.

VORKOMMEN: Verbreitet im gesamten Alpenraum; Trockenrasen, Gebüsche, Bergwälder, Felshänge; auf trockenen Böden; bis in 2700 m Höhe; geschützt!

BESONDERES: Die silbrigen Hüllblätter schließen sich bei feuchtem Wetter.

TYPISCH

Die großen Blütenkörbchen der Silberdistel werden sowohl von gefiederten, stacheligen wie auch von silbrigen, schmalen Blättern eingerahmt.

> Die Bayerische Sterndolde *(Astrantia bavarica)* hat kleinere Blütendolden und tiefer geteilte Grundblätter.

Große Sterndolde

Astrantia major

MERKMALE: Die 30–90 cm hohe Staude hat einen aufrechten Stängel, der sich lediglich im Bereich des Blütenstands verzweigt. Ihre Stängelblätter sind handförmig gefiedert mit länglichen, gezackten Teilblättchen, die ebenfalls handförmigen Grundblätter sind nicht so tief geteilt. An den Stängelenden steht jeweils eine 2–3 cm breite, köpfchenförmige Dolde, die von ovalen, spitz zulaufenden, grünlich weißen bis rosafarbenen Hochblättern umgeben ist. Die unscheinbaren, etwa 5 mm breiten Einzelblüten bestehen aus 5 Kelch- und 5 Kronblättern.

BLÜTEZEIT: Juni bis August.

VORKOMMEN: Zerstreut in den Alpen und im Alpenvorland; Bergwiesen und lichte Wälder; auf kalk- und humushaltigen Böden; in 700–1800 m Höhe.

TYPISCH

Der sternförmig von Hochblättern umgebene Blütenstand und die nicht sehr tief geteilten Grundblätter sind charakteristisch für die Große Sterndolde.

› Das im Tiefland viel häufigere Gänseblümchen *(Bellis perennis)* hat einen hohlen Körbchenboden.

Alpenmaßliebchen

Aster bellidiastrum

MERKMALE: Die 10–30 cm hohe Staude bildet nur zur Blütezeit einen behaarten, blattlosen Stängel aus. Alle Blätter stehen in einer grundständigen Rosette. Sie sind oval bis länglich, glattrandig oder unregelmäßig gezackt und auf den Nerven der Blattunterseite dicht behaart. Am Ende des Stängels entwickelt sich ein einzelnes Blütenkörbchen, das von 2 Reihen spitz zulaufender Blätter kelchartig eingehüllt wird. Die weiblichen, äußeren Zungenblüten sind schmal und weiß, die zweigeschlechtigen Röhrenblüten in der Mitte gelb gefärbt.

BLÜTEZEIT: Mai bis August.

VORKOMMEN: Häufig in den nördlichen und südlichen Kalkalpen, seltener in den Zentralalpen; Rasen, lichte Bergwälder; auf kalkhaltigen, feuchten Lehmböden; zwischen 500 und 2800 m Höhe.

TYPISCH

Im Gegensatz zum Gänseblümchen hat die Blüte des deutlich größeren Alpenmaßliebchens einen gefüllten Körbchenboden.

Alpenwucherblume | Alpenmargerite

Leucanthemopsis alpina, Chrysanthemum alpinum

MERKMALE: Die 5–15 cm hohe Staude entwickelt einen aufrechten, meist blattlosen Stängel. Ihre filzig behaarten Grundblätter sind tief in schmale Zipfel eingebuchtet, die ihrerseits eingekerbt oder zumindest tief gezackt sind. Am Stängelende steht ein einzelnes Blütenkörbchen, das von grünen Hüllblättern mit dunklem Rand eingefasst wird. Es misst 2–4 cm im Durchmesser, hat weiße Zungenblüten und im Innern goldgelbe Röhrenblüten.

BLÜTEZEIT: Juli bis August.

VORKOMMEN: Häufig in den Zentralalpen, selten in den Kalkalpen; Schutthalden, alpine Matten; auf feuchten, kalkarmen Böden; in 1800–2800 m Höhe.

BESONDERES: Die Alpenwucherblume bildet mehrere Unterarten aus, die jedoch sehr schwer zu unterscheiden sind.

TYPISCH

Die stark unterteilten Grundblätter sind ein gutes Kennzeichen für die Alpenwucherblume. Stängelblätter – sofern vorhanden – bleiben klein und ungeteilt.

> Blühend lässt sich der Weiße Affodil *(Asphodelus albus)* durch seinen Blütenstand mit vielen kleinen Einzelblüten gut unterscheiden.

Weiße Trichterlilie | Paradieslilie

Paradisea liliastrum

MERKMALE: Die Weiße Trichterlilie ist eine 20–50 cm hohe Staude mit unverzweigtem, gerade aufrecht wachsendem Stängel, der einem knolligen Wurzelstock entspringt. Ihre bis zu 40 cm langen, schmalen Blätter bilden eine grundständige Rosette. Am Ende des blattlosen Stängels erscheinen in einer Traube bis zu 20 schneeweiße Blüten in den Achseln kurzer Tragblätter. Sie sind alle zur selben Seite gerichtet und duften süßlich. Die zugespitzten Blütenblätter formen einen 6–8 cm breiten Trichter.

BLÜTEZEIT: Mai bis Juli.

VORKOMMEN: Gebirge Südeuropas und in nach Süden offenen Tälern der Südalpen; sonnige Wiesen, Weiden, Hochstaudenfluren, Gebüsche; auf eher trockenen, nährstoffreichen Böden; zwischen 800 und 2000 m Höhe; geschützt!

TYPISCH

Dank ihrer großen, trichterförmigen Blüten und der grasartig schmalen Blätter ist die Weiße Trichterlilie unverkennbar.

Weiße Narzisse

Narcissus poeticus ssp. radiiflorus

TYPISCH

Anhand der an der Basis verschmälerten Blütenblätter und der kontrastfarbenen Nebenkrone lässt sich die Weiße Narzisse eindeutig erkennen.

MERKMALE: Die Weiße Narzisse ist eine 20–40 cm hohe Staude, die im Frühjahr aus einer 3–4 cm breiten Zwiebel hervorwächst. Ihr Stängel ist seitlich zusammengedrückt. Die zumeist 4 grundständigen, schmalen Blätter werden bis zu 40 cm lang. Am Ende des Stängels befindet sich in der Regel nur eine einzige 5–8 cm breite Blüte. Die 6 ovalen, spitz zulaufenden, weißen Blütenblätter verschmälern sich zur Basis hin stark. Im Blüteninnern ist eine verwachsene, gelbe oder orangerote Nebenkrone ausgebildet.

BLÜTEZEIT: April bis Juni.

VORKOMMEN: Zerstreut in den Alpen und Voralpen; Bergwiesen, Gebüsche, lichte Wälder; auf feuchten Böden; bis in 2300 m Höhe; vom Aussterben bedroht und daher streng geschützt!

BESONDERES: Die Zwiebel enthält giftige Alkaloide.

Alpenbergminze | Alpensteinquendel

Acinos alpinus, Calamintha alpina

MERKMALE: Die 10–30 cm hohe Staude trägt an ihrem kurzen, dicht behaarten Stängel gegenständige, ovale Blätter mit glattem oder wenig gezacktem Rand. Sie sind sowohl auf der Ober- wie der Unterseite kurz behaart. In den Achseln der oberen Blätter stehen bis zu 3 Blüten. Der bräunliche Kelch ist zweilippig und wirkt im unteren Bereich etwas aufgebläht. Die bis 2 cm lange, violette Krone besteht aus einer kurzen Ober- und einer dreiteiligen Unterlippe. Am Übergang zur Kronröhre trägt der mittlere Lappen der Unterlippe eine weiße Zeichnung.

BLÜTEZEIT: Juni bis Oktober.

VORKOMMEN: In den nördlichen und südlichen Kalkalpen; Felsschutt und lückige Rasen; auf kalkhaltigen, lockeren Böden; bis in über 2000 m Höhe.

TYPISCH

Die relativ großen Blüten und der aufgeblähte Kelch sind typisch für die Alpenbergminze. Beim Zerreiben riechen die Blätter nach Minze.

Alpenleinkraut

Linaria alpina

TYPISCH

Die gelben bis orangefarbenen Wülste in der Blütenmitte sowie die fleischigen, blaugrün bereiften Blätter sind eindeutige Merkmale des Alpenleinkrauts.

MERKMALE: Die bis zu 15 cm hohe Staude kriecht mit niederliegenden, oft blau bereiften Trieben, die an den Enden dicht beblätterte Tochterrosetten ausbilden. Die schmalen, bis zu 1,5 cm langen Blätter sind fleischig und stehen meist in Quirlen. An den Triebenden entwickeln sich die blauvioletten bis lilafarbenen, selten auch gelben Blüten. Ihre Krone besteht aus einer zweigeteilten Ober- und einer dreiteiligen Unterlippe und läuft in einen langen Sporn aus. Die Öffnung der Kronröhre wird von einem gelblichen bis orangefarbenen, zweiwülstigen Höcker verschlossen.

BLÜTEZEIT: Juni bis September.

VORKOMMEN: Weit verbreitet im gesamten Alpenraum; Felsschutt, lückige Rasen; auf steinigem Untergrund; zwischen 1800 und 3000 m, bei Zermatt sogar bis hinauf in 4000 m Höhe.

Blattloser Ehrenpreis

Veronica aphylla

MERKMALE: Die Blätter der winzigen, nur 2–5 cm hohen Staude stehen dicht, fast rosettenartig am Grund zusammen. Sie werden bis zu 1,5 cm lang, sind oval und an der Spitze sehr fein gezackt. Zur Blütezeit wächst aus der obersten Blattachsel ein 3–6 cm langer Stiel aus, an dessen Ende wenige blaue, bis zu 8 mm breite Blüten stehen. Die 4 dunkel geäderten Kronblätter sind ungleich groß: Das untere ist etwas kleiner, das obere etwas größer als die beiden seitlichen.

BLÜTEZEIT: Mai bis August.

VORKOMMEN: Zerstreut im Schweizer Jura und den nördlichen und südlichen Kalkalpen, selten in den Zentralalpen; Schutthalden, Felsspalten und steinige Matten; auf kalkhaltigen, feuchten Böden; zwischen 1500 und 2600 m Höhe.

TYPISCH

Der blattlose Blütenstängel, der aus der Rosette herauswächst, und die ungleich großen Kronblätter kennzeichnen den Blattlosen Ehrenpreis.

› Die zweilippigen Blüten des Kärntner Kuhtritts sind alle zur selben Seite gerichtet.

Kärntner Kuhtritt

Wulfenia carinthiaca

MERKMALE: Die bis zu 15 cm langen, länglich ovalen Grundblätter der 20–40 cm hohen Staude bilden eine Rosette, der daraus austreibende Stängel trägt nur im oberen Bereich kleine, schuppenförmige Blätter. Am Stängelende stehen die blauvioletten Blüten in einer dichten Traube. Sie haben einen fünfzipfeligen Kelch und eine 1–1,5 cm lange Krone, deren Oberlippe kürzer ist als die dreigeteilte Unterlippe.

BLÜTEZEIT: Juli bis August.

VORKOMMEN: Ausschließlich in den Kärntner Alpen am Gartnerkofel sowie an einigen Stellen im Balkan; Matten und Weiden; auf kalkarmen Böden; zwischen 1500 und 2000 m Höhe; geschützt!

BESONDERES: Der giftige Kärntner Kuhtritt ist eine so genannte Reliktpflanze aus dem subtropisch warmen Tertiär.

TYPISCH

Die großen, stets schräg nach oben gerichteten Blätter bilden eine grundständige Rosette, aus der sich der blütentragende Stängel erhebt.

Alpenwaldrebe

Clematis alpina

MERKMALE: Die Alpenwaldrebe ist ein kletternder Strauch, der bis zu 3 m hoch werden kann. Die lang gestielten Blätter sind in 3 jeweils dreiteilige, gezackte Abschnitte gefiedert. In den Blattachseln erscheinen lang gestielte Blüten, deren 4 dunkelblaue bis hellviolette, selten rosa gefärbte Blütenhüllblätter etwa doppelt so lang sind wie die gelblich weißen Nektarblätter im Blüteninnern. An den Früchten sitzt ein fedrig behaarter Griffel.

BLÜTEZEIT: Mai bis August.

VORKOMMEN: Selten im westlichen Teil der Kalkalpen, zerstreut im östlichen Teil; Gebüsche, lichte Wälder, Schutthalden, Fels; auf kalkhaltigen, steinigen Böden; in 1200–2400 m Höhe; geschützt!

BESONDERES: Die giftige Alpenwaldrebe klettert, indem sie mit ihren Blattstielen geeignete Unterlagen umwindet.

TYPISCH

Die auffälligen blauen Blüten und die doppelt gefiederten Blätter sind kennzeichnende Merkmale der Alpenwaldrebe.

> Den Bunten Eisenhut *(Aconitum variegatum)* erkennt man an den helleren Blüten, deren »Helm« hoch und schmal ausgebildet ist.

Blauer Eisenhut

Aconitum napellus

MERKMALE: Die bis zu 2 m hohe Staude hat wechselständige, gestielte Blätter, die tief handförmig in 5–7 schmale, ihrerseits nochmals eingebuchtete oder gezackte Abschnitte geteilt sind. Am Ende des Stängels stehen dunkelblaue Blüten in einer einfachen oder verzweigten Traube. 2 Blütenhüllblätter weisen nach unten, 2 zur Seite, das oberste ist helmartig aufgewölbt.

BLÜTEZEIT: Juni bis September.

VORKOMMEN: Alpenvorland und Alpen; Hochstaudenfluren, Weiden und Almen, lichte Bergwälder; auf nährstoffreichen, feuchten Lehmböden; bis in ungefähr 2500 m Höhe; geschützt!

BESONDERES: Der Blaue Eisenhut gehört zu den giftigsten Pflanzen Europas. Sein Gift kann durch die Haut dringen und ist bereits in kleiner Menge tödlich.

TYPISCH

Anders als beim Bunten Eisenhut ist das helmförmige oberste Blütenblatt beim Blauen Eisenhut etwa ebenso hoch wie breit ausgebildet.

› Bei der Dunklen oder Schwarzvioletten Akelei *(Aquilegia atrata)* ragen die Staubblätter weit aus der Blütenkrone heraus.

Alpenakelei

Aquilegia alpina

MERKMALE: Die 15–50 cm hohe Staude hat einen meist unverzweigten, im oberen Bereich behaarten Stängel. Die Blattspreiten der lang gestielten Grundblätter sind in 3 jeweils dreiteilige Fiedern gegliedert und haben einen tief, aber rundlich gezackten Rand. Am Stängel stehen einige kleine, wechselständige Blätter. An seinem Ende erscheinen 1–3 intensiv blaue, 5–8 cm breite Blüten an fein behaarten Stielen. Die äußeren Blütenhüllblätter enden mit einer grünen Spitze, die inneren, etwas kürzeren tragen einen langen, gekrümmten Sporn.

BLÜTEZEIT: Juni bis September.

VORKOMMEN: Selten in den westlichen Zentralalpen; Gebüsche und Matten; auf feuchten, kalkhaltigen Böden; zwischen 1500 und 2500 m Höhe; geschützt!

BESONDERES: Die Alpenakelei ist giftig.

TYPISCH

Bei den großen, nickenden Blüten der Alpenakelei sind die zahlreichen Staubblätter kürzer als die inneren Blütenblätter.

Bergküchenschelle

Pulsatilla montana

TYPISCH
An den großen, dunklen Blüten über den fein zerschlitzten Hochblättern ist die Bergküchenschelle sicher zu erkennen.

MERKMALE: Die 10–50 cm hohe Staude hat einen aufrechten, behaarten Stängel. Ihre grundständigen Blätter erscheinen erst nach der Blüte. Sie sind gefiedert, lang behaart und die Teilblättchen ihrerseits in schmale Zipfel geteilt. Direkt unterhalb der Blüte befindet sich ein Quirl aus verwachsenen, fein geschlitzten Hochblättern. Die Kronblätter der nickenden Blüten sind tief dunkelblau bis fast schwarzviolett und auf der Außenseite dicht behaart. Im Blüteninnern bilden zahlreiche gelbe Staubblätter einen lebhaften Farbkontrast. Sehr auffallend sind auch die silbrigen Fruchtstände mit fedrigen Haarschöpfen.
BLÜTEZEIT: Februar bis Mai.
VORKOMMEN: Trockene Täler der Zentralalpen, südliche Kalkalpen, sehr selten; Trockenrasen und warme Wälder; auf kalkhaltigen Böden; bis in etwa 2200 m Höhe; geschützt!

> Die Zwergtroddelblume *(Soldanella pusilla)*, auch Kleines Alpenglöckchen genannt, hat kleinere Blätter und kürzere Blütenfransen.

Alpentroddelblume | Alpenglöckchen

Soldanella alpina

MERKMALE: Die immergrünen, ledrigen Blätter der 5–15 cm hohen Staude stehen alle in einer grundständigen Rosette. Die rundliche Blattspreite misst bis zu 4 cm im Durchmesser, hat einen glatten Rand und ist am Stielansatz herzförmig eingeschnitten. Zur Blütezeit treibt der Blütenschaft aus, an dessen Ende sich bis zu 3 nickende, blauviolette Blüten entfalten. Die Blütenkrone ist trichterförmig verwachsen und läuft in fransenartige Zipfel aus.

BLÜTEZEIT: April bis Juni.

VORKOMMEN: Häufig in den nördlichen und südlichen Kalkalpen, seltener in den Zentralalpen; Schneetälchen, sumpfige Stellen in alpinen Rasen, feuchte Bergwälder; auf kalkhaltigen, humusreichen Böden; in 1500–2500 m, gelegentlich bis in 3000 m Höhe; geschützt!

TYPISCH

Die fransenartig zerschlitzte Blütenkrone und die bis zu 4 cm großen, dicklichen Blätter mit glattem Rand sind Kennzeichen der Alpentroddelblume.

› Die Blüten der größeren Pfirsichblättrigen Glockenblume *(Campanula persicifolia)* sind nach allen Seiten gerichtet.

Bärtige Glockenblume

Campanula barbata

MERKMALE: Die Bärtige Glockenblume ist eine 10–40 cm hohe Staude mit aufrechtem, meist unverzweigtem, behaartem Stängel. Auch ihre schmalen Grundblätter sind dicht behaart. Am Stängel sitzen einige wenige, wechselständige Stängelblätter, an seinem Ende stehen mehrere nickende, hellblaue, gelegentlich auch weiße Blüten in einer Traube. Zwischen den 5 Kelchblättern befinden sich herzförmige Anhängsel. Die 5 Kronblätter sind zu einer breiten, fünfzipfeligen Glocke verwachsen und tragen an ihrer Innenseite deutlich sichtbare, lange Haare.

BLÜTEZEIT: Juli bis August.

VORKOMMEN: Im gesamten Alpenraum häufig; Rasen und Zwergstrauchgebüsche; auf kalkarmen, humushaltigen Böden; zwischen 1000 und 3000 m Höhe.

TYPISCH

Charakteristisches Kennzeichen der Bärtigen Glockenblume ist das lang behaarte Blüteninnere der alle in eine Richtung geneigten Blütenglocken.

› Morettis Glockenblume *(Campanula morettiana)* mit ihren kurz gestielten Blüten kommt ausschließlich in den Dolomiten vor.

Zwergglockenblume | Zierliche Glockenblume

Campanula cochleariifolia

Merkmale: Die Zwergglockenblume ist eine 5–20 cm hohe Staude mit niederliegendem Stängel, der sich am Ende aufrichtet. Ihre sehr lang gestielten, rundlichen Grundblätter haben einen gezackten Rand. Die wechselständigen Blätter unten am Stängel sind länglich mit gezacktem Rand, die oberen Stängelblätter dagegen nadelartig schmal und glattrandig. Am Stängelende stehen eine bis mehrere nickende Blüten. Ihre 5 hell lilablauen Kronblätter sind zu einer Glocke verwachsen.

Blütezeit: Juni bis September.

Vorkommen: Zerstreut in den nördlichen und südlichen Kalkalpen, oft in größerer Zahl; Schutthalden, Felsspalten, Bachschotter, lockere Rasen; auf kalkhaltigen, feuchten Böden; zwischen 800 und 3000 m Höhe.

Typisch

Die unterschiedlich geformten Grund- und Stängelblätter sowie die vorn weit geöffnete Blütenkrone kennzeichnen die Zwergglockenblume.

› Die Insubrische Glockenblume *(Campanula raineri)* besiedelt ausschließlich Felsspalten in den Kalkgebieten der Dolomiten.

Scheuchzers Glockenblume

Campanula scheuchzeri

MERKMALE: Die Grundblätter dieser 10–30 cm hohen Staude sind zur Blütezeit meist schon verwelkt. Die wechselständigen, sehr schmalen Stängelblätter sitzen ohne Stiel direkt am Stängel. Sie tragen an ihrer Basis wimpernartige Haare. Am Ende des Stängels stehen mehrere Blüten in einer lockeren Traube. Der Kelch endet in 5 schmalen Zipfeln, die blaue, glockenförmige Krone ist fast bis zur Hälfte in 5 dreieckige Zipfel gespalten.

BLÜTEZEIT: Juni bis September.

VORKOMMEN: Zerstreut in den gesamten Alpen; magere Rasen, Matten, Wälder und Gebüsche; auf humusreichen Lehmböden; in 1000–3300 m Höhe.

BESONDERES: Die Art wird in mindestens 2 lokal vorkommende Unterarten unterteilt, die sich allerdings nur in der Form des Blattansatzes unterscheiden.

TYPISCH

Die an der Basis bewimperten Stängelblätter sind ein sicheres Kennzeichen von Scheuchzers Glockenblume.

Halbkugelige Teufelskralle

Phyteuma hemisphaericum

MERKMALE: Die 5–30 cm hohe Staude mit dem aufrechten, meist blattlosen Stängel hat grundständige, grasartig schmale Blätter mit glattem oder nur wenig gezacktem Rand. Am Ende des Stängels bilden bis zu 20 Blüten einen gewölbten Blütenstand in den Achseln von ovalen und zugespitzten Tragblättern. Die 1–1,5 cm langen Einzelblüten sind in 5 schmale Zipfel geteilt, die nur oben und unten miteinander verwachsen sind und in der Mitte immer weiter auseinander klaffen. 3 Narben ragen weit aus der Blüte heraus.

BLÜTEZEIT: Juli bis September.

VORKOMMEN: Zerstreut in den Zentralalpen; alpine Rasen, Felsspalten, Zwergstrauchbestände; auf steinigen, kalkarmen, humusreichen Böden; zwischen 1800 und 3000 m Höhe.

TYPISCH

Namengebend und charakteristisch für die Halbkugelige Teufelskralle ist der halbkugelige Blütenstand mit den krallenförmigen Blütenknospen.

Bergspitzkiel

Oxytropis jacquinii

TYPISCH
Die Schmetterlingsblüten des Bergspitzkiels ragen aus einem dunkel behaarten Kelch heraus und haben ein deutlich zugespitztes Schiffchen.

MERKMALE: Der Bergspitzkiel ist eine 5–20 cm hohe Staude mit niederliegendem Stängel. Seine wechselständigen Blätter sind unpaarig in bis zu 29 Teilblättchen gefiedert. Die einzelnen ovalen Fiedern werden bis zu 4 cm lang. Am Stielansatz sitzen 2 etwas kleinere Nebenblätter. Zur Blütezeit wird ein hoher, aufrechter Stängel mit einem köpfchenförmigen Blütenstand aus bis zu 15 blauvioletten Schmetterlingsblüten gebildet. Als Früchte entwickeln sich daraus bis zu 3 cm lange, aufrechte, dunkel behaarte Hülsen.
BLÜTEZEIT: Juli bis August.
VORKOMMEN: Verbreitet in den Kalkgebieten der Alpen; Schutthalden, lückige Rasen; auf steinigen Böden; zwischen 1500 und 2800 m Höhe, gelegentlich auch tiefer, wenn die Samen herabgeschwemmt werden.

Keulenenzian | Stängelloser Enzian

Gentiana acaulis

MERKMALE: Die 5–10 cm hohe Staude hat einen sehr kurzen, kantigen Stängel mit wenigen kleinen Stängelblättern. Die meisten Blätter stehen in einer grundständigen Rosette; sie werden bis zu 10 cm lang und 2–3 cm breit. Am Stängelende steht eine einzelne 5–6 cm lange, aufrechte Blüte. Ihr fünfzipfeliger Kelch ist glockenförmig verwachsen. Die ebenfalls glockenförmige, blaue Krone läuft in 5 dreieckige Kronblattzipfel aus.

TYPISCH

Die großen Blüten des Keulenenzians sind im Innern der Kronröhre mit olivgrünen Streifen oder Flecken gezeichnet.

BLÜTEZEIT: Mai bis August.

VORKOMMEN: Alpenvorland und Zentralalpen; alpine Rasen, Felshänge, lichte Wälder sowie Gebüsche; auf kalkarmen, feuchten Lehmböden; zwischen 1200 und 2800 m Höhe; geschützt!

BESONDERES: Die Blüten sind bei Sonnenlicht weit geöffnet, bei bedecktem Himmel schließen sie sich.

Großblütiger Enzian | Stängelloser Enzian

Gentiana clusii

MERKMALE: Der Großblütige Enzian ist eine 5–10 cm hohe Staude mit kurzem, aufrechtem Stängel. Seine grundständigen, ledrigen Blätter sind oval und bilden eine Rosette. Die gegenständigen Stängelblätter sitzen ungestielt dem Stängel an. Am Ende des Triebs steht eine einzelne 5–7 cm lange Blüte. Der glockenförmig verwachsene Kelch endet mit 5 dreieckigen Zipfeln. Die tiefblaue, glockige Krone läuft in 5 zugespitzte Zipfel aus. Dazwischen sitzt jeweils ein rundlicher Zahn. Das Blüteninnere ist mit hellen Längsstreifen gezeichnet.

BLÜTEZEIT: April bis August.

VORKOMMEN: Alpenvorland, nördliche und südliche Kalkalpen; Bergwiesen, Weiden, lichte Wälder; auf kalkhaltigen, feuchten Böden; zwischen 1200 und 2800 m Höhe; geschützt!

TYPISCH

Statt grüner Markierungen wie beim Keulenenzian zeigt der Großblütige Enzian im Blüteninnern helle Längsstreifen.

Bayerischer Enzian

Gentiana bavarica

MERKMALE: Die 5–20 cm hohe Staude bildet neben blütenlosen, dicht beblätterten Trieben auch mehrere aufrechte, kantige Blütenstängel aus. Die unteren, sehr dicht stehenden Blätter sind oval und bis zu 1 cm lang, die gegenständigen oberen Stängelblätter sind oft größer. Am Stängelende steht jeweils eine einzelne fünfzählige Blüte. Ihr zu einer schmalen Röhre verwachsener, spitzzipfeliger Kelch umschließt die 2–3 cm breite, himmelblaue Krone.

BLÜTEZEIT: Juli bis September.

VORKOMMEN: Zerstreut im ganzen Alpenraum; Rasen, Felsschutt, Schneetälchen; auf feuchtem, kalkhaltigem Untergrund; in 1800–3600 m Höhe; geschützt!

BESONDERES: Die Blüten reagieren empfindlich auf Temperaturänderungen und schließen sich nach kurzer Beschattung.

TYPISCH

Zwischen den blauen Kronblättern des Bayerischen Enzians sitzt jeweils ein zweiteiliger Zahn. Die Kronröhre wird durch die weiße Narbe verschlossen.

Die hellblauen Blüten des Kurzblättrigen Enzians *(Gentiana brachyphylla)* sind bis 2,5 cm hoch und haben ovale Kronzipfel.

Frühlingsenzian

Gentiana verna

Merkmale: Die ovalen, spitz zulaufenden Grundblätter der 3–10 cm hohen Staude stehen in einer Rosette. Der Stängel trägt nur wenige gegenständige Blätter, deren oberstes Blattpaar direkt unterhalb des Kelchs sitzt, sowie eine 1,5–2,5 cm breite Blüte. Ihr zu einer Röhre verwachsener Kelch endet mit 5 spitzen Zipfeln und ist schmal geflügelt. Die 5 spitz zulaufenden, blauen Kronblätter sind flach ausgebreitet.

Blütezeit: März bis Juni.

Vorkommen: Alpen und Alpenvorland, selten; trockene Wiesen und Weiden; auf kalkhaltigen, steinigen Böden; bis in etwa 2800 m Höhe; geschützt!

Besonderes: Bei fortdauernder milder Witterung kann der Frühlingsenzian im Herbst ein zweites Mal blühen.

Typisch

Zwischen den leuchtend blauen Kronblättern des Frühlingsenzians sitzt jeweils ein Zahn mit weißer Zeichnung. Die weiße Narbe verschließt die Öffnung zur Kronröhre.

Gebirgs-Vergissmeinnicht

Myosotis alpestris

Merkmale: Die Stängel der 5–30 cm hohen Staude sind im unteren Teil rau behaart, die schmal ovalen Blätter beiderseits dicht behaart. Am Ende des Stängels stehen mehrere bis etwa 1 cm breite Blüten in einem dichten Blütenstand. Der stark behaarte Kelch endet mit 5 schmalen Zipfeln. Die blauen Kronblätter sind flach ausgebreitet und tragen an der Öffnung zur Kronröhre einen auffälligen gelben Ring. Zur Fruchtzeit krümmen sich die Kelchzähne hakenförmig und umgeben die glänzend schwarzen, eiförmigen Früchte.

Blütezeit: Juni bis September.

Vorkommen: Im gesamten Alpenraum häufig; auf Felsschutt, in lockeren Rasen und lichten Wäldern; auf nährstoffreichen, feuchten Lehmböden; zwischen 1500 und 2800 m Höhe.

Typisch

Die Kronblätter des Gebirgs-Vergissmeinnichts sind im Knospenstadium rötlich bis violett gefärbt. Mit der Zeit verändern sie ihre Farbe in ein kräftiges Blau.

Himmelsherold

Eritrichum nanum

Typisch

Die Farbe der Kronblätter verändert sich von Rötlich bis Himmelblau. Die Öffnung der Kronröhre wird durch einen leuchtend gelben Ring markiert.

Merkmale: Die nur 2–5 cm hohe, polsterförmig wachsende Staude bildet mehrere nicht blühende Triebe mit Blattrosetten sowie blütentragende Stängel aus. Die Stängel sind ebenso wie die schmal ovalen Blätter dicht von seidig glänzenden Haaren bedeckt. Am Stängelende stehen wenige bis zu 1 cm breite Blüten in traubigen Blütenständen. Ihr Kelch ist in 5 schmale, seidig behaarte Zipfel zerteilt, die Krone besteht aus 5 ausgebreiteten Kronblättern.

Blütezeit: Juli bis August.

Vorkommen: Zentral- und Südostalpen; Felsspalten, Schutt, lockere alpine Rasen und Matten; auf sauren Gesteinen; zwischen 2500 und 3000 m Höhe; geschützt!

Besonderes: Wahrscheinlich ist der Himmelsherold während der Eiszeiten aus Asien in die Alpen eingewandert.

Alpenkreuzblümchen

Polygala alpina

MERKMALE: Das Alpenkreuzblümchen ist eine nur 2–6 cm hohe Staude mit verzweigtem Stängel. Seine höchstens 1 cm langen, schmal ovalen Blätter sind in einer Rosette angeordnet, die kleineren Stängelblätter wechselständig. An den Enden der Seitentriebe erscheinen bis zu 20 blaue Blüten in einer Traube. Ihre Blütenkrone ist zu einer Röhre verwachsen. Als Frucht wird eine herzförmige Kapsel gebildet.

BLÜTEZEIT: Mai bis August.

VORKOMMEN: Westliche und südwestliche Alpen; trockene Rasen; auf kalkhaltigen, steinigen, aber humushaltigen Böden; in 1500–3000 m Höhe.

BESONDERES: Das Alpenkreuzblümchen gehört zu einer kleinen Pflanzengruppe, die mit Ausnahme Australiens weltweit verbreitet ist.

TYPISCH

Die beiden oberen der 5 Kelchblätter sind kronblattartig groß, die übrigen unscheinbar. Die Kronröhre trägt vorn ein fransiges Anhängsel.

Gesporntes Veilchen
Viola calcarata

TYPISCH
Die große Blüte dieses Veilchens läuft in einen langen, nach oben gebogenen Sporn aus. Das jeweils untere Kronblatt trägt einen gelben Fleck.

MERKMALE: Die 5–10 cm hohe Staude hat schmale, 2–3 cm lange, schwach gezackte Blätter, die in einer Rosette stehen. Am Stielansatz sitzen je 2 kurze, tief gezackte Nebenblätter. Aus der Rosette wächst ein 3–8 cm langer, dünner Blütenstiel mit einer einzelnen dunkelvioletten Blüte. Sie besteht aus 5 schmalen Kelchblättern und einer bis zu 4 cm breiten Krone. Das untere der ungleich großen Kronblätter trägt an seiner Basis einen gelben Fleck.
BLÜTEZEIT: Mai bis September.
VORKOMMEN: Selten in den nordwestlichen und Zentralalpen; Schutthalden, alpine Rasen und Matten; auf kalkhaltigen, feuchten Böden; zwischen 1500 und 3000 m Höhe; geschützt!
BESONDERES: Mit seinen Wurzeln und Ausläufern trägt das Gespornte Veilchen zur Befestigung von lockeren Hängen bei.

Herzblättrige Kugelblume

Globularia cordifolia

Merkmale: Der nur 5–10 cm hohe Zwergstrauch hat niederliegende, verholzte Stängel. Daraus treiben aufrechte, unverholzte Blütenstängel aus, die am Ende von nadelartig schmalen Hochblättern umgebene, kugelige Blütenköpfchen tragen. Die gut 1 cm breiten Blütenköpfchen bestehen aus vielen blauen bis lila oder rosa gefärbten Einzelblüten, die in Ober- und Unterlippe geteilt sind. Die Oberlippe läuft in 2, die Unterlippe in 3 schmale Zipfel aus.

Blütezeit: Mai bis September.

Vorkommen: Selten im Alpenvorland, zerstreut in den nördlichen und südlichen Kalkalpen; felsige Rasen, Felsspalten; flachgründige Böden; bis in etwa 2000 m Höhe; geschützt!

Besonderes: Die Pflanze enthält einen nicht näher bekannten giftigen Stoff.

Typisch

Die bis zu 4 cm langen, in Rosetten stehenden Grundblätter haben einen glatten Rand, sind aber an der Spitze häufig herzförmig eingeschnitten.

› Die fein gefiederten Blätter der höher wachsenden Taubenskabiose *(Scabiosa columbaria)* sind deutlich stärker behaart.

Glänzende Skabiose

Scabiosa lucida

MERKMALE: Der meist unverzweigte Stängel der 20–40 cm hohen Staude trägt im oberen Bereich keine Blätter. Die ovalen Grundblätter haben einen rundlich gezackten Rand, die Stängelblätter sind dagegen bis fast zur Mittelrippe eingebuchtet. Die nur ganz schwach behaarten Blätter glänzen leicht. Am Ende des Stängels steht ein bis zu 3 cm breites Blütenköpfchen, das von schmalen Hüllblättern umgeben ist. Die Kelche der Einzelblüten laufen in borstenartige Zipfel aus, die lilablauen Kronblätter sind bei den äußeren Blüten sehr ungleich groß, bei den inneren symmetrischer.

BLÜTEZEIT: Juni bis September.

VORKOMMEN: Im gesamten Alpenraum; Felsschutt und trockene Wiesen; auf steinigen, kalkhaltigen Böden; zwischen 1000 und 2700 m Höhe.

TYPISCH

Der typische Blütenstand in Verbindung mit den glänzenden Blättern ist ein Erkennungszeichen der Glänzenden Skabiose.

› Der Feldmannstreu *(Eryngium campestre)* hat einen grünlichen Blütenstand über dornenartig gezackten Hochblättern.

Alpenmannstreu | Alpendistel

Eryngium alpinum

Merkmale: Der gerillte, nur im Bereich der Blüten verzweigte Stängel der 30–80 cm hohen Staude ist im oberen Teil bläulich überlaufen. Die am Rand spitz gezackten Grundblätter sind dreieckig und sitzen mit einem herzförmigen Einschnitt am Blattstiel, die wechselständigen Stängelblätter sind handförmig gefiedert und tragen distelartige Stacheln. Am Stängelende stehen die nur 2–3,5 mm großen Blüten in einem walzenförmigen Blütenstand, unter dem sich ein breiter Kranz aus bläulich schimmernden, fein gezackten Hüllblättern ausbreitet.

Blütezeit: Juli bis August.

Vorkommen: In den nördlichen und südlichen Kalkalpen selten, in den Zentralalpen sehr selten; alpine Rasen, Hochstaudenfluren; auf steinigen Böden; in 1500–2500 m Höhe; geschützt!

Typisch

Seine bläulichen, metallisch schimmernden, fein gezackten Hochblätter machen den Alpenmannstreu unverwechselbar.

› Die blauvioletten Blütenkörbchen des Blauen Lattichs *(Lactuca perennis)* werden ausgebreitet bis zu 4 cm breit.

Alpenmilchlattich

Cicerbita alpina

MERKMALE: Die 50–250 cm hohe Staude hat einen kaum verzweigten, vor allem im oberen Teil rötlich überlaufenen Stängel, der dichte, abstehende Haare trägt. Seine wechselständigen Blätter sind bis fast an den Mittelnerv eingebuchtet und gezackt, der Blattgrund umgibt den Stängel mit spitzen Zipfeln. Am Ende des Stängels entwickelt sich eine Traube aus zahlreichen bis zu 2 cm breiten Blütenkörbchen mit blauvioletten Zungenblüten. Diese werden kelchartig von bräunlichen, borstig behaarten Hüllblättern umschlossen.

BLÜTEZEIT: Juli bis September.

VORKOMMEN: Zerstreut im gesamten Alpenraum; Bergwälder und Hochstaudenfluren; auf nährstoffreichen, feuchten, kalkhaltigen Böden; zwischen 1000 und 2000 m Höhe.

TYPISCH

Die unteren, stark zerteilten Blätter werden bis zu 25 cm lang, die oberen sind kleiner und einfacher. Wird die Pflanze verletzt, tritt weißer Milchsaft aus.

› Die namengebenden Früchte sind flach und brillenförmig und werden bis zu 15 mm breit.

Glattes Brillenschötchen

Biscutella laevigata

MERKMALE: Das Glatte Brillenschötchen ist eine 15–70 cm hohe Staude, deren Stängel und Blätter meist rau behaart sind, aber auch kahl sein können. Die länglichen Grundblätter stehen in einer Rosette, der Stängel trägt meist nur wenige schmalere und kleinere Blätter. Am Ende des verzweigten Stängels stehen zahlreiche gelbe Blüten in einem traubenartigen Blütenstand beieinander. Die Einzelblüten sind bis zu 1 cm breit und bestehen aus 4 schmalen, gelbgrünen Kelch- und 4 rundlichen, gelben Kronblättern.

BLÜTEZEIT: März bis September.

VORKOMMEN: Verbreitet im Alpenvorland und dem gesamten Alpenraum; Felsspalten und -schutt, alpine Rasen und Matten; auf humusreichen, steinigen und kalkhaltigen Böden; bis in über 2500 m Höhe; geschützt!

TYPISCH

Die brillenförmigen Schoten, die sich aus den Blüten entwickeln, sind ein unverkennbares Merkmal des Glatten Brillenschötchens.

Immergrünes Felsenblümchen

Draba aizoides

MERKMALE: Die nur 5–10 cm hohe, immergrüne Polsterstaude besitzt einen verzweigten Wurzelstock. Am Ende der Verzweigungen werden Blattrosetten gebildet, aus denen gerade, unverzweigte Blütenstängel emporwachsen. Am Stängelende sind viele goldgelbe Blüten in einer kugeligen Traube zusammengefasst. Die 4 eiförmigen Kelch- und Kronblätter bilden jeweils ein Kreuz. Die Frucht ist eine länglich ovale, abgeplattete Schote mit bis zu 3 mm langem Schnabel.

BLÜTEZEIT: März bis August.

VORKOMMEN: Zerstreut in den Kalkalpen, selten auch in den Zentralalpen; Felsspalten und Felsbänder, steinige Rasen; auf kalkhaltigen Böden; bis in etwa 3000 m Höhe; geschützt!

BESONDERES: Der Wurzelstock dieser Pflanze dringt tief in Gesteinsspalten ein.

TYPISCH

Die bis zu 2 cm langen, schmalen Rosettenblätter fühlen sich ledrig derb an und tragen am Rand kräftige, lange Haare.

> Der Gelbe Enzian *(Gentiana lutea)* fällt durch hohe Blütenstände auf. Aus seiner Wurzel wird der Enzianschnaps gebrannt.

Punktierter Enzian | Tüpfelenzian

Gentiana punctata

MERKMALE: Der hohle, kantige Stängel der 20–60 cm hohen Staude trägt gegenständige, ovale, bis zu 15 cm lange Blätter mit kräftigen, längs verlaufenden Adern. In den oberen Blattachseln sowie am Stängelende sitzen jeweils mehrere Blüten. Deren Kelch ist fast bis zur Basis in 5–8 ungleich große Zipfel eingeschnitten, die bis 4 cm lange Krone besteht aus 5 glockenförmig verwachsenen Kronblättern, die in spitzen Zipfeln enden.

TYPISCH
Die hellgelben Blüten des Punktierten Enzians sind dunkel gesprenkelt, während die des Gelben Enzians nicht gepunktet sind.

BLÜTEZEIT: Juli bis September.

VORKOMMEN: Selten in den Kalk-, häufig in den Zentralalpen; alpine Rasen und Gebüsche; auf kalkarmen Lehmböden; in 1400–2800 m Höhe; geschützt!

BESONDERES: Wie der Gelbe enthält auch der Punktierte Enzian Bitterstoffe in seiner Wurzel. Daher wurde er früher als Heilpflanze genutzt.

Fetthennen-Steinbrech | Bachsteinbrech

Saxifraga aizoides

Merkmale: Die immergrüne, 5–20 cm hohe Staude wächst zu polsterartigen Beständen heran. Ihre dicht stehenden, schmalen Blätter werden bis zu 2,5 cm lang und verschmälern sich in einen kurzen Stiel. Im Querschnitt sind sie etwa halbkreisförmig. An den Trieben erscheinen bis zu 10 gelbe oder orangefarbene Blüten in einem lockeren Blütenstand.

Blütezeit: Juni bis September.

Vorkommen: Zerstreut im Alpenvorland und in den Zentralalpen, häufiger in den Kalkalpen; Felsschutt und -spalten, alpine Rasen; auf feuchtem, kalkarmem Untergrund; zwischen 600 und 3000 m Höhe; geschützt!

Besonderes: Die Seitentriebe können Wurzeln bilden, sich ablösen und als eigenständige Pflanze weiterwachsen.

Typisch

Die bis zu 1,5 cm breiten Blüten bestehen aus 5 ovalen, helleren Kelchblättern und 5 schmalen, goldgelben oder orangefarbenen Kronblättern, die oft dunkle Punkte zeigen.

> Die leuchtend gelben Blüten mit den dunkelbraunen Streifen sind ein charakteristisches Merkmal des Zweiblütigen Veilchens.

Zweiblütiges Veilchen

Viola biflora

MERKMALE: Die 5–20 cm hohe Staude hat nierenförmige, bis zu 4 cm breite Grundblätter und etwas kleinere Stängelblätter mit rundlich gezacktem Rand. Am Ansatz des Blattstiels sitzen jeweils 2 schmale Nebenblätter mit glattem Rand. 1–2 gelbe, etwa 1,5 cm breite Blüten erheben sich an langen Stielen über die Blätter.

BLÜTEZEIT: Mai bis August.

VORKOMMEN: Zerstreut im Alpenvorland sowie im gesamten Alpenraum; Bergwälder, Felsschutt und -spalten; auf kalkreichem, feuchtem Untergrund; bis in fast 3000 m Höhe.

BESONDERES: Neben den normalen Blüten bildet dieses Veilchen oft eine zweite Blütenform aus: Diese bleiben geschlossen und bestäuben sich selbst.

TYPISCH

Die nicht duftenden, gelben Blüten bestehen aus 2 aufwärts gerichteten seitlichen, 2 oberen und einem unteren Kronblatt, das braune Längsstriche trägt und in einen kurzen, geraden Sporn ausläuft.

› Die Hohe Schlüsselblume *(Primula elatior)* hat runzelige Blätter. Ihre Blüten duften allenfalls schwach.

Aurikel | Gamsprimel

Primula auricula

MERKMALE: Die Aurikel ist eine 5–30 cm hohe Staude, deren fleischige, bis zu 12 cm lange Blätter in einer grundständigen Rosette stehen. Der Blattrand ist glatt oder schwach gezackt. Am Ende eines fleischigen Blütenschafts erscheint eine Dolde aus wenigen gelben, fünfzähligen, trichterförmigen Blüten.

BLÜTEZEIT: April bis Juni.

VORKOMMEN: Zerstreut in den nördlichen und südlichen Kalkalpen, selten in den Zentralalpen; Felsspalten und steinige Rasen; auf kalkreichem, feuchtem Untergrund; bis in über 2500 m Höhe; geschützt!

BESONDERES: Die Aurikel gehört zu den Stammarten unserer Gartenprimeln, aus denen zahlreiche, auch farblich abweichende Sorten gezüchtet wurden.

TYPISCH

Die Blätter und der Blütenschaft der Aurikel wirken wie mit Mehl bestäubt. Die gelben, meist alle zur selben Seite gerichteten Blüten verströmen einen angenehmen Duft.

> Zur Fruchtzeit bildet die Schwefelküchenschelle Fruchtstände mit lang behaarten Einzelfrüchten aus.

Schwefelküchenschelle | Schwefelanemone

Pulsatilla alpina ssp. apiifolia

MERKMALE: Der unverzweigte Stängel der 20–40 cm hohen Staude trägt zottige Haare. Die lang gestielten, fein zerteilten Grundblätter entwickeln sich erst nach der Blüte. Am Stängel, unterhalb der Blüte, stehen gewöhnlich 3 ähnliche Blätter in einem Quirl. Die bis zu 6 cm breiten Blüten erscheinen einzeln am Ende des Stängels. Ihre meist 6 schwefelgelben Hüllblätter sind oval und auf der oft bläulich überlaufenen Außenseite behaart. Im Innern der Blüte stehen zahlreiche Staubblätter.

BLÜTEZEIT: Mai bis August.

VORKOMMEN: Selten in den Kalkalpen, etwas häufiger in den Zentralalpen; Rasen, Matten und Zwergstrauchheiden; auf silikathaltigen, nährstoffreichen Böden; zwischen 1200 und 2700 m Höhe; geschützt!

TYPISCH

Ihre großen, schwefelgelben Blüten, die meist über behaarten Hochblättern stehen, machen die Schwefelküchenschelle unverwechselbar.

› Die kugelige Blüte ist ein charakteristisches Merkmal der Trollblume.

Trollblume

Trollius europaeus

MERKMALE: Die lang gestielten, grundständigen Blätter der 15–100 cm hohen Staude sind in 5 tief gezackte Abschnitte geteilt, die wechselständigen Stängelblätter sind in 3 jeweils gezackte Abschnitte eingebuchtet und sitzen ohne Stiel direkt dem Stängel an. Am Ende des Stängels und in den Achseln der oberen Blätter stehen jeweils einzelne goldgelbe, 2–3 cm breite Blüten von kugeliger Form.

BLÜTEZEIT: Mai bis Juni.

VORKOMMEN: Verbreitet im gesamten Alpenraum; Hochstaudenfluren, Wiesen, Rasen und Weiden; auf feuchten, moorigen Böden; bis in etwa 2300 m Höhe; geschützt!

BESONDERES: Die Trollblume ist giftig und wird vom Weidevieh nicht gefressen.

TYPISCH

Die zahlreichen goldgelben Blütenblätter der Trollblume neigen sich zu einer kugeligen Form zusammen. Zwischen den Blüten- und den Staubblättern befinden sich noch schmale Nektarblätter.

› Der klebrig behaarte Stängel des Klebrigen Salbeis *(Salvia glutinosa)* trägt gelbe Lippenblüten mit feiner, rotbrauner Zeichnung.

Gelber Eisenhut | Wolfseisenhut

Aconitum vulparia, Aconitum lycoctonum

Merkmale: Die Grundblätter der 30–150 cm hohen Staude sind handförmig bis über die Mitte in 5–7 Abschnitte geteilt, die ihrerseits tief eingebuchtet sind. Die wenigen wechselständigen Stängelblätter sind nicht so stark zerteilt und sitzen ohne Stiel direkt dem Stängel an. Am Ende der Stängel bilden bis zu 25 Blüten einen traubenartigen Blütenstand. Jede der hellgelben, schmalen Einzelblüten trägt einen bis zu 2 cm hohen, aufrechten Helm.

Blütezeit: Juni bis September.

Vorkommen: Verbreitet im gesamten Alpenraum und dem Alpenvorland; Auwälder, Hochstaudenfluren; auf humusreichen Lehmböden; bis in 1300 m Höhe; geschützt!

Besonderes: Der Gelbe Eisenhut enthält ein tödlich wirkendes Gift.

Typisch

Die zerschlitzten Blätter und die schmalen, helmartig aufgewölbten, blassgelben Blüten machen den Gelben Eisenhut praktisch unverwechselbar.

Die Blüten des Gelben Fingerhuts *(Digitalis lutea)* haben innen keine Netzzeichnung. Manchmal können sie fast weiß sein.

Großblütiger Fingerhut

Digitalis grandiflora

MERKMALE: Die 50–100 cm hohe Staude hat einen unverzweigten, im oberen Bereich lang behaarten Stängel. Ihre schmal ovalen, bis zu 25 cm langen Blätter stehen am Grund des Stängels rosettenartig dicht, weiter oben wechselständig. Am Stängelende bilden zahlreiche gelbe Blüten eine Traube. Sie sind alle zur selben Seite gerichtet. Aus dem fünfzipfeligen, behaarten Kelch ragt die zu einer bauchigen Röhre verwachsene, 3–4 cm lange, weit geöffnete, fünfzipfelige Krone heraus.

BLÜTEZEIT: Juni bis September.

VORKOMMEN: Zerstreut im ganzen Alpenraum; Felsschutt, alpine Rasen, Gebüsch, Waldränder; auf nährstoffreichen Böden; bis in 2000 m Höhe; geschützt!

BESONDERES: Der sehr giftige Großblütige Fingerhut ist eine alte Heilpflanze, die herzwirksame Stoffe enthält.

TYPISCH

Die bauchigen, röhrenförmigen Blüten des Großblütigen Fingerhuts tragen im Innern eine dunkle, netzartige Zeichnung.

Alpensonnenröschen

Helianthemum alpestre

MERKMALE: Das allenfalls 10–20 cm hohe Alpensonnenröschen ist ein im unteren Bereich verholzter Halbstrauch. Sein dicht verzweigter Stängel wächst flach über den Boden und bildet rasenartige Bestände. Die gegenständigen, schmalen Blätter sind gut 1 cm lang und tragen am Rand und auf den Adern borstige Haare. Am Ende der Triebe erscheinen 2–6 gelbe, bis 2 cm breite Blüten in einem traubenartigen Blütenstand. Die 5 gelben Kronblätter verschmälern sich zur Basis hin. Im Innern der Blüte finden sich zahlreiche Staubblätter.

BLÜTEZEIT: Mai bis September.

VORKOMMEN: Zerstreut in den Kalk-, selten in den Zentralalpen; alpine Rasen, Felsschutt; stets an offenen, sonnigen Stellen; auf kalkhaltigen, lockeren Böden; in 1200–2500 m Höhe.

TYPISCH

Die Blütenkelche des Alpensonnenröschens bestehen aus ungleich geformten Kelchblättern, nämlich 2 schmalen und 3 rundlichen.

Goldfingerkraut

Potentilla aurea

TYPISCH
Die silbrig glänzenden Haare der Blattränder und die seidig behaarte Blattunterseite sind deutliche Erkennungsmerkmale des Goldfingerkrauts.

MERKMALE: Das Goldfingerkraut ist eine 5–30 cm hohe Staude mit behaartem, aufrechtem Stängel. Seine grundständigen, gestielten Blätter sind handförmig in 5 längliche, an der Spitze gezackte Teilblättchen gefiedert. Am Stängelende stehen bis zu 5 goldgelbe, etwa 2,5 cm breite Blüten. Der behaarte Kelch setzt sich aus 5 rundlichen und 5 dreieckigen Kelchblättern zusammen. Die 5 rundlichen Kronblätter sind an der Spitze etwas eingeschnitten.
BLÜTEZEIT: Juni bis September.
VORKOMMEN: Verbreitet im gesamten Alpenraum; alpine Matten und Weiden; auf sauren, nährstoffreichen Lehmböden; zwischen 800 und 3000 m Höhe.
BESONDERES: Da die Samen des Goldfingerkrauts den Darm von Weidetieren unverdaut passieren, werden sie vom Vieh verbreitet.

Bergnelkenwurz | Bergpetersbart

Geum montanum

MERKMALE: Der Stängel der 5–40 cm hohen Staude ist abstehend behaart. Ihre grundständigen Rosettenblätter sind tief in einen großen End- und mehrere kleinere Seitenabschnitte geteilt. Aus den Rosetten wachsen mehrere Stiele, die je eine goldgelbe, 2–4 cm breite Blüte ausbilden. Zur Fruchtreife trägt jeder Stängel zahlreiche 2–3 cm lange Früchte mit behaarten Griffeln.

BLÜTEZEIT: Mai bis Juli.

VORKOMMEN: Häufig in den Zentralalpen, zerstreut in den nördlichen und südlichen Kalkalpen; feuchte Mulden, Matten, Zwergstrauchheiden; auf kalkfreien Lehmböden; in 1800–3200 m Höhe.

BESONDERES: Die Bergnelkenwurz enthält in ihren Wurzeln ätherische Öle und Gerbstoffe. Daher wurde sie früher als Heilpflanze gesammelt.

TYPISCH

Der Blütenkelch besteht aus 5 schmalen äußeren und 5 ovalen inneren Blättern. Die Zahl der Kronblätter ist meist 5, manchmal auch mehr.

Kriechende Nelkenwurz | Gletscherpetersbart

Geum reptans

Merkmale: Die 5–25 cm hohe Staude kann bis zu 1 m lange, kriechende Ausläufer bilden. Ihre gefiederten Grundblätter mit den gezackten, behaarten Teilblättchen stehen in einer Rosette. Daraus wachsen mehrere Stiele mit je einer gelben, 3–4 cm breiten Blüte hervor. Ihr Kelch setzt sich aus 5 äußeren und 5 inneren Blättern zusammen. Die sehr schmalen äußeren sind deutlich kürzer als die breiteren, behaarten inneren Kelchblätter. Die 5, selten auch mehr goldgelben Kronblätter sind oval geformt.

Blütezeit: Juli bis September.

Vorkommen: Verbreitet in den Zentralalpen, selten in den nördlichen und südlichen Kalkalpen; feuchter Felsschutt; meist auf silikathaltigem Untergrund; in 2000–3000 m Höhe; geschützt!

Typisch

Anders als die Bergnelkenwurz bildet die Kriechende Nelkenwurz Ausläufer aus und hat Blätter mit etwa gleich großen Teilblättchen.

› Die bis zu 1,50 m hohe Österreichische Gämswurz *(Doronicum austriacum)* bildet verzweigte Blütenstände mit bis zu 12 Körbchen.

Großblütige Gämswurz

Doronicum grandiflorum

MERKMALE: Die 10–50 cm hohe Staude hat einen hohlen, behaarten Stängel. Ihre gestielten, grundständigen Blätter sind oval mit grob gezacktem Rand, die wechselständigen Stängelblätter sitzen ohne Stiel dem Stängel an und umgeben ihn mit herzförmigem Grund. Am Ende des Stängels erscheint meist nur ein einzelnes 4–8 cm breites Blütenkörbchen. Es ist von behaarten Hüllblättern umschlossen und besteht aus goldgelben, randlichen Zungenblüten und zahlreichen gelben, in der Mitte sitzenden Röhrenblüten.

BLÜTEZEIT: Juli bis August.

VORKOMMEN: Zerstreut in den nördlichen und südlichen Kalkalpen, selten in den Zentralalpen; Schutthalden, alpine Rasen; auf kalkreichem, lockerem Untergrund; in 1800–3000 m Höhe.

TYPISCH

Ein charakteristisches Kennzeichen der Großblütigen Gämswurz sind die deutlich den Stängel umfassenden Blätter und die breiten Blütenkörbchen.

› Der nur im Bereich der Blüten verzweigte Stängel der Arnika ist dicht behaart und häufig rötlich überlaufen.

Arnika | Bergwohlverleih

Arnica montana

Merkmale: Die länglich ovalen Blätter der 20–60 cm hohen Staude bilden eine grundständige Rosette. Die wenigen Stängelblätter sind gegenständig und deutlich kleiner als die Grundblätter. Am Stängelende entwickelt sich meist ein einzelnes 5–8 cm breites Blütenkörbchen, selten sind es mehrere. Es wird von behaarten Hüllblättern umgeben und besteht aus zahlreichen gelben Zungenblüten am Rand und Röhrenblüten im Innern.

Blütezeit: Juni bis August.

Vorkommen: Zerstreut im Alpenvorland und im gesamten Alpenraum; Wiesen, Weiden und lichte Wälder; auf kalkarmen, trockenen Lehmböden; bis in über 2500 m Höhe; geschützt!

Besonderes: Die giftige Arnika ist eine alte Heilpflanze, von deren innerlicher Anwendung heute aber abgeraten wird.

Typisch

Von anderen Arten mit ähnlichen Blütenkörbchen kann man die Arnika an den gegenständigen Stängelblättern unterscheiden.

> In den Zentral- und Südalpen kommt die Unterart *Senecio incanus* ssp. *carniolicus* vor, die schmalere, kaum eingebuchtete Blätter hat.

Graues Greiskraut | Gelber Speik

Senecio incanus

MERKMALE: Der aufrechte Stängel der 5–15 cm hohen Staude verzweigt sich nur im Bereich der Blüten. Die Grundblätter wachsen rosettenförmig und sind schräg nach oben gerichtet, die kleineren Stängelblätter sind wechselständig. Alle Blätter haben einen länglich ovalen Umriss, sind tief eingebuchtet und tragen weiße, filzige Haare. Am Ende des Stängels stehen mehrere dunkelgelbe Blütenkörbchen in einem doldenartigen Blütenstand.

BLÜTEZEIT: Juli bis September.

VORKOMMEN: Südwestliche Alpen; ruhender Felsschutt und lückige Rasen; auf steinigen, silikathaltigen Böden; in 1800–3000 m Höhe; geschützt!

BESONDERES: Die dichte Behaarung des Grauen Greiskrauts reflektiert das Sonnenlicht und verhindert Überhitzung.

TYPISCH

Die filzig weiße Behaarung und die doldenartigen Blütenstände aus 1–3 cm breiten Blütenkörbchen kennzeichnen das Graue Greiskraut.

› Der Alpenlöwenzahn *(Leontodon montanus)* unterscheidet sich durch seinen kleineren Wuchs und die goldgelben Blüten.

Goldpippau

Crepis aurea

MERKMALE: Der Goldpippau ist eine 5–30 cm hohe Staude mit aufrechtem Stängel, der im oberen Bereich dichte, schwarze Haare trägt. Seine schmalen, langen, tief eingebuchteten Blätter bilden eine grundständige Rosette, die in der Regel nicht dem Boden anliegt. Der Stängel weist keine oder nur wenige sehr kleine Blättchen auf. Am Stängelende erscheint ein einzelnes orangegelbes, bis zu 4,5 cm breites Blütenkörbchen aus zungenförmigen Einzelblüten. Es wird von dicht behaarten Hüllblättern umgeben.

BLÜTEZEIT: Mai bis September.

VORKOMMEN: Verbreitet im Alpenvorland und dem gesamten Alpenraum; Wegränder, alpine Matten und Weiden; auf kalkarmen, nährstoffreichen Lehmböden; zwischen 1200 und 2800 m Höhe.

TYPISCH

Die orangegelben Blütenkörbchen sind, in Verbindung mit den schmalen Rosettenblättern, ein Erkennungsmerkmal des Goldpippaus.

› Dicht behaarte Kelche lassen den Blütenstand des Alpenwundklees *(Anthyllis vulneraria* ssp. *alpestris)* weißwollig erscheinen.

Alpenhornklee

Lotus alpinus

MERKMALE: Der Alpenhornklee ist eine bis zu 10 cm hohe Staude mit niederliegendem bis aufrechtem Stängel. Seine wechselständigen, gefiederten Blätter sind in 5 knapp 1 cm lange Teilblättchen gegliedert. 3 davon sitzen an kurzen Stielchen am Ende der Mittelrippe, die beiden übrigen ungestielt sehr nahe am Stängel. An den Triebenden bilden 1,5 cm lange Blüten einen doldenartigen Blütenstand. Jede Einzelblüte besteht aus einem gelben Schiffchen mit roter Spitze, 2 seitlichen, gelben Flügeln und einer nach oben gerichteten Fahne.

BLÜTEZEIT: Juli bis Oktober.

VORKOMMEN: Im gesamten Alpenraum; Felsschutt, Anschwemmungen, alpine Rasen; auf nährstoffreichen Lehmböden; zwischen 1200 und 2800 m Höhe.

TYPISCH

Ein rotspitziges Schiffchen ist charakteristisch für die gelben Schmetterlingsblüten des Alpenhornklees. Im Verblühen erscheint häufig die ganze Blüte rot überlaufen.

Braunklee
Trifolium badium

TYPISCH
Die kugeligen, goldgelben Blütenköpfchen des Braunklees verfärben sich beim Verblühen dunkelbraun, was der Pflanze ihren Namen gab.

MERKMALE: Die 10–20 cm hohe Staude hat einen aufrechten, meist unverzweigten Stängel, der manchmal auch dem Boden anliegt. Er hat wechselständige, gefiederte Blätter mit je 3 Teilblättchen. Jede der ovalen Fiedern wird etwa 2 cm lang und ist an der Spitze fein gezackt. Am Ansatz des Blattstiels sitzen 2 schmale Nebenblätter. Am Ende des Stängels stehen zahlreiche Blüten in einem kugeligen, etwa 1 cm großen Köpfchen. Jede der Schmetterlingsblüten besitzt eine Fahne, die etwa doppelt so lang wie das Schiffchen ist.
BLÜTEZEIT: Juni bis August.
VORKOMMEN: Im ganzen Alpenraum häufig; alpine Rasen, Viehweiden; auf kalkhaltigen, feuchten Böden; in 1200–2200 m Höhe.
BESONDERES: Auf den Almen stellt der eiweißreiche Braunklee eine wichtige Futterpflanze dar, die auch die Mahd verträgt.

› Der seltene Frauenschuh hat von allen heimischen Orchideen die größten Blüten aufzuweisen.

Frauenschuh

Cypripedium calceolus

MERKMALE: Der Frauenschuh ist eine 20–80 cm hohe Staude. Ihre wechselständigen, ovalen Stängelblätter werden bis 12 cm lang und sind paralleladrig. Am Stängelende erscheint meist nur eine einzige 5–9 cm große Blüte mit bauchig aufgeblasener, gelber Lippe und schmalen, rotbraunen übrigen Kronblättern.
BLÜTEZEIT: Mai bis Juli.
VORKOMMEN: Sehr selten in den Kalkgebieten der Alpen; lichte Laub- und Nadelwälder, Gebüsche; auf kalkhaltigen, nährstoffreichen Böden; bis in 2000 m Höhe; geschützt!
BESONDERES: Die aufgeblähte Lippe des Frauenschuhs ist eine Insektenfalle. Vor allem Fliegen lassen sich anlocken und geraten ins Innere der Falle. Während sie den Weg ins Freie suchen, bestäuben sie die Blüte.

TYPISCH

Die aufgeblähte, gelbe Lippe der Frauenschuh-Blüte gleicht einem Pantoffel, die übrigen Kronblätter sind schmal und rotbraun gefärbt.

Zwergbuchs-Kreuzblume

Polygala chamaebuxus

Merkmale: Der 5–30 cm hohe, immergrüne Halbstrauch hat niederliegende, verzweigte Stängel und verholzte Zweige. Seine ledrigen, wechselständigen Blätter sind oval, zugespitzt und glattrandig. Am Stängelende und in den oberen Blattachseln stehen 1–3 Blüten. Die beiden oberen Kelchblätter sind weiß und kronblattartig vergrößert, die Kronblätter an der Spitze gelb oder rot und zu einer Rinne verwachsen.

Blütezeit: März bis Juli.

Vorkommen: Häufig im Alpenvorland und den Kalkgebieten der Alpen; trockene Rasen, lichte Wälder, Gebüsche, Felshänge; auf kalkreichen, steinigen Böden; bis in über 2000 m Höhe.

Besonderes: Die Art kann nur auf ungedüngten Flächen wachsen. Daher verschwindet sie überall dort, wo die Exkremente von Weidetieren den Boden mit Nährstoffen anreichern.

Typisch

Die typische Form der weiß-gelben Blüten der Zwergbuchs-Kreuzblume lässt keine Verwechslung mit anderen Arten zu.

› Bärtige Glockenblume

› Kriechende Nelkenwurz

Die Formen der Blüten

Wenngleich die Blüten der Alpenblumen eine enorme Formenvielfalt an den Tag legen, folgen sie doch alle demselben Grundbauplan: Von den Kelchblättern umgeben, bilden die meist auffällig farbigen Kronblätter die Blütenkrone, in deren Innerem die Staubblätter sowie der Fruchtknoten mit Griffel und Narbe stehen. Die Kelch- und Kronblätter können dabei frei oder mehr oder weniger weit miteinander verwachsen sein, insbesondere die Kronblätter sind zudem häufig stark abgewandelt. Nicht zuletzt bilden oft viele kleine Blüten einen gemeinsamen und dann auffälligen Blütenstand.

› Heideröschen

› Frühlingsenzian

› Roter Steinbrech

› Gletscherhahnenfuß

› Silberstorchschnabel

› Gämswurz

› Alpenleinkraut

Register der Alpenblumen

A–Z

Register der Alpenblumen

A–Z

Bildnachweis und Impressum

Titelbild: Stängelloser Enzian; Umschlag innen: Echte Bärentraube, Bayerischer Enzian, Spinnweben-Hauswurz, Wildes Alpenveilchen (von oben nach unten); Seite 2/3: Rostblättrige Alpenrose, Einblütiges Hornkraut, Großblütiger Enzian, Großblütige Gämswurz (jeweils von oben nach unten); Seite 10/11: Himmelsherold (blau) und Frühlingsmiere (weiß); Rückseite: Stängelloses Leimkraut (li.), Alpenhahnenfuß (re.)

Die Fotografen
blickwinkel: (Flohe) 29 li., 48 re., 86, 89, 109 li., (Kurz) 7 u., (Tomm) 48 li.; Eisenbeiss: U2 li.o., re.o., re.u., 2 u., 8, 9 o., 10/11, 13, 15, 16, 26, 31 li., 32, 36, 37, 43 re., 44 li., 47 li., 49, 52 re., 56, 59, 61 re., 65 li., 79, 80 li., 84 li., 88, 90, 95, 101, 102 li., 103, 113, 114 re., 115 re., 116 li., 117 re., 118, 120 re., 121, 123 o., U4 li.; Garnweidner: U2 li.u., 18 re., 34 li., 41, 42 li., 57 li., 69 re., 97 li., 98 li., 99 re., 110, 116 re.; Giel: 109 re., 120 li.; Hinz: 3 o., 25 re., 40 li., 43 li., 45 re., 46 li., 58 re., 111, 112; Lauber: 3 u., 12, 18 li., 23, 27 re., 50 li., 52 li., 53 re., 55, 64 li., 66 li., 67 re., 69 li., 81, 91 re., 100 li., 123 u.li.; Laux: 17, 31 re., 46 re., 50 re., 51 re., 68 li., 72 re., 73, 77 re., 80 re., 87, 93, 94, 98 re., 106 re., 108 re.; Marktanner: 7 o.li., 21 re., 22 li., 63, 67 li.; Patzner: 4, 9 mi., 122 mi.; Pforr: 2 o., 7 o.re., 20 li., 22 re., 25 li., 28 li., 30, 33, 35, 40 re., 51 li., 58 li., 70 re., 72 li., 74, 75, 77 li., 78, 82 li., 83, 84 re., 85 li., 104 li., 107, 114 li., 122 u.re., 123 mi.re.; Pregler: 105 re., 123 u.re.; Reinhard: U1, 6, 20 re., 27 li., 28 re., 29 re., 34 re., 61 li., 65 re., 68 re., 70 li., 71, 91 li., 97 re., 99 li., 105 li., 108 li.; Reinwarth: 66 re., 85 re., 119, 122 o., 123 mi.li.; Riedmiller: 24, 104 re., 106 li., 115 li.; Willner: 45 li., 122 u.li.; Wothe: 76, 82 re., 96; Zeininger: 9 u., 21 li., 39 re., 42 re., 47 re., 53 li., 54, 60, 62, 64 re., 92, 117 li., U4 re.; Zepf, E.: 14, 19, 38, 39 li., 44 re., 57 re., 100 re.; Zepf, W.: 102 re.

Wichtiger Hinweis
Die Daten und Fakten dieses Ratgebers wurden mit äußerster Sorgfalt recherchiert und geprüft. Dennoch kann eine Garantie nicht übernommen werden. Eine Haftung des Verlages für Personen-, Sach- und Vermögensschäden ist ausgeschlossen.

© 2003 Gräfe und Unzer Verlag GmbH, München

Alle Rechte vorbehalten. Nachdruck, auch auszugsweise, sowie Verbreitung durch Bild, Funk, Fernsehen und Internet, durch fotomechanische Wiedergabe, Tonträger und Datenverarbeitungssysteme jeder Art nur mit schriftlicher Genehmigung des Verlages.

Redaktionsleitung: Anita Zellner
Redaktion: Dr. Helga Hofmann
Umschlaggestaltung: independent Medien-Design
Layout: H. Bornemann Design
Zeichnungen: Johann Brandstetter
Satz: Filmsatz Schröter, München
Produktion: Petra Roth
Repro: Penta, München
Druck und Bindung: Auer, Donauwörth
Printed in Germany
ISBN 3-7742-5691-8

Auflage	4.	3.	2.	1.
Jahr	2006	05	04	03

GRÄFE UND UNZER

Ein Unternehmen der
GANSKE VERLAGSGRUPPE